農家が教える
ニワトリの飼い方

庭先で小屋をつくる、ふやす、さばく、卵を売る

農文協 編

農文協

ニワトリと一緒に、小さい循環のある暮らしを

ニワトリは、草やクズ野菜、クズ米、生ゴミなど、身の周りのタダのものを喜んで食べて、卵を私たちに分けてくれます。そしてニワトリのウンチ（鶏糞）は肥料になり、田畑の作物を育てます。庭先・田畑から食卓まで、小さい有機物の循環をつくってくれる、スゴイ動物なのです。人間と共に暮らすおもな家畜の中でも一番体が小さくて、庭先で気軽に飼えるのも魅力です。

本書では、農家の雑誌「現代農業」等の記事の中から、庭先でニワトリを飼ってみたい方のほか、今飼っている方にも役立つ記事をまとめました。ニワトリが安心して暮らせる小屋のつくり方から、エサの配合の仕方、有精卵の孵化の方法、ヒヨコの育て方、ニワトリのさばき方、卵や親鶏肉のレシピまで、盛りだくさんの内容です。

また、卵の販売に関心のある方に向けて、先輩農家の記事も収録しました。まったくのゼロから養鶏農家になった方々の体験記、ベテラン養鶏農家のワザなど、自家用飼育でも参考になる貴重な内容です。

本書を片手に、ニワトリたちとの暮らしを楽しんでいただけると幸いです。

農山漁村文化協会

もくじ

拝見！ ニワトリのいる暮らし

知っておきたい ニワトリのきほん

ニワトリが安心快適な小屋をつくる

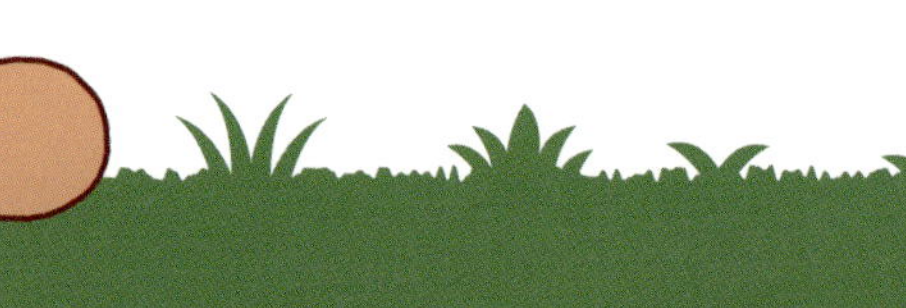

ニワトリが元気に育つエサの工夫

卵を孵す、ヒヨコを育てる

ニワトリを病気・害虫から守る

ニワトリを食べる、卵を食べる

卵を売る

拝見！ニワトリのいる暮らし

ニワトリとの暮らしを楽しんでいる人たちに、ニワトリの魅力やどんなふうに飼っているかを教えてもらいました。

右から長女の緒采（おと）、筆者、次女の希乃（きの）。娘たちもニワトリのお世話を手伝ってくれる

5〜7羽

あこがれの庭先養鶏をスタート！ヒヨコも産まれた

兵庫県養父市●山﨑友香

廃鶏ならすぐに卵がとれる

兵庫県のまん中より少し上、養父市で暮らしています。この地域にある「わはは牧場」で働いてみたくて、東京から引っ越しました。わははでは牛・豚・ニワトリ・アイガモなどいろいろな種類の家畜を飼い、自分の処理場でお肉にし、販売もしています。働く中で、家畜がいる暮らしや肉の自給に憧れが芽生え、庭先養鶏を始めました。

きっかけは突然でした。わははには年に数回、知り合いの採卵鶏農家がニワトリの入れ替え時期に廃鶏の処理をお願いしにきます（廃鶏とは、採卵期間を終え、鶏舎から出される雌鶏。産卵開始から約1年で肉にする）。当時、ニワトリを飼いたがっていたわははの奥さんが、そこの廃鶏（岡崎おうはん）を1羽1000円で買い、飼い始めました。廃鶏といっても現役引退直後なので、すぐ卵がとれるし、ヒヨコと違って難しい温度管理もなく初心者でも簡単に飼えそう。めちゃくちゃ楽しそうだったので私も家でやってみたくなりました。

どんなふうに飼っている？

小屋

小屋のサイズは最大５羽を目安に１畳分（180×90㎝）。
隣の敷地との境は草ぼうぼうだったが、きれいに食べつくした。

地面から獣に入られないように深さ30㎝くらいの穴を掘ってブロックを1段分埋めた。側面2面は雨風よけのためベニヤ板を張った

子育て中の小屋の内部。フェンスで仕切り、奥でヒナと育ての親を別飼い

産卵箱

毎回小屋の中に入るのは大変なので、柵（エキスパンドメタル）に穴を開けて、小屋の外から卵を回収できる仕組みにした。

小屋の中から見た産卵スペース。ブロックの上に黒いコンテナをかぶせ、横の壁にはベニヤを張って、ニワトリが1羽くらい入れる薄暗い空間をつくった

外から見たところ。ふだんは百均のバーベキュー用鉄網でしっかりふさいである

鉄網を外し、黒いコンテナを上にあげて、卵を取り出す

放し飼い

日中は小屋のドアを開けて、小屋の周りで放し飼い。

庭の雑草をよく食べてくれる（河内明子撮影）

園芸用支柱と鳥除けネットでつくったチキントラクタ（11ページ参照）。草を食べてほしいところに置いてニワトリを入れると、中の草を食べてくれる。軽くて移動しやすいのがお気に入り

エサ

知り合いからもらうクズ米（5）、コイン精米所の米ヌカ（2.5）、カキガラ（0.5）、魚粕（0.8）、醤油屋さんからもらう醤油粕（わずか）を混ぜている（カッコ内は割合）。

エサ箱は小屋の中の入り口近くに設置

岡崎おうはんの廃鶏とヒナ。岡崎おうはんの有精卵を持ってきて抱かせたら孵化した

わははがアイガモ農法の田んぼで使っている超頑丈な柵（エキスパンドメタル）の廃材をもらい、家の庭に簡単な小屋を建てました。DIYなどあまりしたことがない私ですが、意外といい感じにできました。夫婦2人分の卵を自給するために、まずは廃鶏を3羽、飼い始めました。

3羽との生活は想像以上にいいこと尽くし！　毎日卵を産んでくれ、夏になると管理が大変な庭の草をせっせと食べてくれます。野菜のクズやカピカピになったご飯、魚の骨や卵の殻など、日々食卓から出る残飯をなんでも食べてくれるのも助かります。

飼う前の印象の通り、廃鶏の世話はラクでした。毎日の世話はエサやりと水やりくらい。

卵を産まなくなったらすぐに肉にしようと思っていましたが、この3羽は結構長く頑張って産んでくれ、結局1年半ほどわが家で暮らしました。最後はわははの処理場で肉にしました。年寄りだったので硬かったけれど、味があっておいしかったなあ。

廃鶏が卵を温め始めた！

わが家に娘が誕生し3人家族に。今度は羽数を増やして4羽を新たに迎えました。2021年1月のことです。小屋の近くを新たな柵で囲ってニワトリの遊ぶスペースをつくりました。

そんな中、ワクワクが止まらない出来事が起こりました。4羽が来てから半年後。雨が続き2日ほどニワトリ小屋に行くのをサボってしまいました。久しぶりに行くと、1羽だけが産卵スペースからジーっと動かず遊び場に出てきません。夜も止まり木にとまらずずっと同じ場所に座っています。

心配になり、エサを口元に持っていくと、よく食べるし元気そう。おかしいなあと、無理矢理産卵スペースから出すと、お腹には私が取りそびれた卵（無精卵）を抱えていました。触ってみるとなんと卵が温かい。「これは！」とひらめきました。母性復活、卵を温めているのです！　商業用に改良されたニワトリは、普通卵を抱かないそうですが、抱くこともあるみたい……。

友達から有精卵を3個分けてもらい、抱えていた無精卵と交換してみました。案の定、来る日も来る日もじっと座って温め続けます。私が棒でつつくと怒ります。エサや水も最小限。私には見守ることしかできず、毎日観察あるのみでした。

途中から、自然派スーパーで入手した有精卵7個を追加して抱えさせてみました。

ヒヨコの世話もしてくれる

卵を抱えさせてから2週間ほど……。予定日（抱卵から21日後）から数日遅れてついに岡崎おうはんの卵から1羽、黒いヒナが孵化しました！

孵卵器は38℃に設定。転卵は1日2回。100均でミニ懐中電灯を買い、卵を照らして卵内部の様子をチェックした

スーパーで買った有精卵から生まれたヒナ。温度管理しながら最初は暖かい台所に置き、生後10日から玄関に置き、少しずつ外気に慣れさせた

（育ての）親がヒヨコの面倒を見るかが一番心配だったのですが、無事に育児も開始。寒いときはヒヨコを腹の下にもぐらせて暖を取らせてあげ、エサをついばんで小さくしヒヨコにあげていました。

一番困ったのは、一緒に住んでいる3羽の先輩達がヒヨコに興味津々でつつきまくることでした。親がかばいきれないほどいじめが激しかったので、小屋の中に仕切りをして別飼いしました。ヒヨコの足がある程度速くなり、逃げ切れるくらいになったと思ったときに仕切りを解除。今では同じ小屋の中で暮らせるようになりました。

人工孵化も　温度に注意

スーパーで買った卵は、黒いヒヨコが孵化すると抱卵放棄されてしまったので、孵卵器で温め、7個のうち1個が孵化。

気を付けたことは、孵化直後から20日後までの温度管理です。ヒヨコは体温調整機能が未熟で、少しずつ外気温に慣れさせる必要がありました。段ボールにオガクズやモミガラを敷き、湯たんぽを入れ、箱の中が30～35℃になるようにしました。外気温に慣れてきたところで外の小屋の中へ。やはり仕切りをつくって別飼いを始めました。

庭先養鶏が増えている

近所でも庭先養鶏をする人が増えています。廃鶏を買って始める人もいれば、スーパーやネットで有精卵を入手し、自作の孵卵器で孵化させるツワモノまで。仲間が増えてニワトリ談議ができて楽しいです。

ニワトリのおかげで地域の方との交流も増えました。近所のおばあちゃんが古米や野菜の外葉などを持ってきて小屋にぶちこんでくれたり、ニワトリスペースの整備を隣の家のおじいちゃんが手伝ってくれて、そのまま庭で酒盛りが始まったり、地区の子供が「エサやりたい～」と声をかけてくれたり。

娘やその友達の遊び場にもなり、「コッコー」とニワトリを追いかけ回しています。畑にニワトリを放し、鶏糞を利用して家庭菜園ができたら楽しいなあと思います。

※孵卵器の使い方は、66ページ、ヒナの育て方は73ページもご覧ください。

近所の養鶏農家からもらったメスのボリスブラウン

チキントラクタ活躍！虫や雑草を食べて、畑を耕してくれる

広島県三原市●岡田和樹

筆者、妻、子供1人の3人家族。農業は夫婦2人で。米80a、麦40a、サトイモ15a、野菜10～20aを育てる

ニワトリ飼わなきゃもったいない！

無農薬無化学肥料で米、麦、野菜をつくっています。就農して3年目からニワトリを飼い始めました。現在は5羽。すべて廃鶏で、近所で養鶏（平飼い500羽）をしている仲間からもらいました。品種はボリスブラウンです。

わが家にはこれぐらいの羽数がちょうどいいと思います。わが家で出る生ゴミや野菜クズや小米を毎日途切れることなく与えられるからです。これが10羽となると、厳しいですね。エサを買わないといけません。

ニワトリは「チキントラクタ」としても活躍します。鶏カゴを畑のウネ間に置いておけば、あとは勝手に雑草や害虫（イモをかじるコガネムシの幼虫など）を食べてくれるんです。くちばしでつっついたり、足で掘り返したりで、土が軟らかくなります。鶏糞もそのまま肥料になりますしね。農家をやっていたら、ニワトリを飼わないなんてもったいないと思います。

冬の間は雑草が足りなくなるので、近所のスーパーからキャベツの葉などの野菜クズをもらってあげています。

どんなふうに飼っている？

放し飼い

昼間は自由に動き回れるように庭の一角で放し飼い。放し飼い場所は、高さ130㎝くらいの鉄の柵で囲ってある

エサ

市販のエサは買わずに、わが家のクズ米、クズ麦、米ヌカ、クズ野菜や雑草で育てている。庭や畑のイモムシやバッタ、コオロギやクモなども食べている

産卵場所

放し飼い場所の隅の木立の中にワラを敷いたり立てかけたりして、ニワトリが落ち着ける茂みをつくってある

小屋

夜は野生動物に攻撃されないように、家の隅につくった小屋に入れる。外敵に襲われず安心して眠れるように、金網を張ってあり、カギもかける

これは便利！チキントラクタ

チキントラクタとは、床面のない移動可能な鶏小屋のこと。畑のウネ間などに置くと、雑草を食べ、地面を掘り返し、糞もするので、「草取り」「耕す」「肥料やり」を自動的にしてもらえる。鶏小屋を少しずつ動かしていけば、トラクタで耕したようにきれいになる。

トタン屋根
日陰で休めるように、必ず屋根をつける

水入れ
容器にワイヤーをつけてS字フックで天井からぶら下げておけば、水入れごと移動できる

上は、筆者手づくりのチキントラクタ。ウネ間に置けるように、細長い形にした

いつもとちがう環境でニワトリは心細く感じるので、寂しくないように中には必ず2羽以上入れる

床はない。草取りしたい地面にそのまま置く

before

2時間後

after

こんなにきれいに！

筆者。カンキツ類約3.6haのうち、レモンはハウス30aで無農薬栽培、露地60aで減農薬栽培（写真はすべて小倉隆人撮影）

果樹ハウスでニワトリ飼って一石五鳥

56羽

広島県尾道市●長畠耕一

昭和30年代前半まで、私の住む島にもわが家にも牛、ヒツジ、ニワトリなどの家畜がいて、田んぼも少しありました。自給自足に近い農村風景でしたが、30年代後半になると家畜も田んぼも姿を消してしまいます。

それから50年――。わが家でニワトリを飼うことになりました。

雑草や害虫を食べてくれる、鶏糞も利用できる

私は、しまなみ海道のど真ん中、愛媛県との県境、広島県尾道市瀬戸田町の高根島（こうねじま）でカンキツ栽培をしています。耕作放棄されたビニールハウスを借りて、レモンの無農薬栽培に挑戦したのですが、何年も雑草のタネが落ちているせいか、取っても取っても次から次へと生えてきて、ほとほと困り果てていました。さらにヨトウムシがレモンの新芽を食い荒らし、手で潰すだけでは限界がありました。

そんなとき、ハウス内でニワトリを放し飼いすれば除草効果があると知り、最初は半信半疑で、近くの養鶏場から廃鶏をもらい、試してみました。1カ月もすると効果が見えてきまし

どんなふうに飼っている？

放し飼い

無農薬レモン栽培のハウスで放し飼い

小屋

レモンのハウス内にニワトリ小屋をつくった。夜は小屋に入れる

エサ

ミカン畑に生えていたノゲシ（乳草）。ニワトリの大好物で、配合飼料よりも喜ぶ。茎や葉を切ると、白い液が出る。ニワトリの栄養バランスを考えて、こういった草もエサにする

市販のニワトリ用の配合飼料がメイン。レモンハウス内の草や害虫を自由に食べている。ミカン畑の草や、自家産のカンキツ類、近所の農家からもらった野菜クズも与える

た。さらにヨトウムシなどの害虫も食べてくれるため、一石二鳥。卵も産むし、鶏糞も肥料になるし、中耕もしてくれて、一石五鳥の効果があると大満足しました。

野生動物との戦い

しかし、それも束の間、一夜にして野犬に殺されてしまいました。再びニワトリを分けてもらい、ハウスの外側を電気柵、内側をワイヤーメッシュで囲いました。それでなんとか防げたのですが、今度はイタチです。一羽一羽殺されていき、またニワトリがいなくなってしまいました。古いハウスですので、ビニールが破けていたり、隙間があったりして、野生動物の侵入を防ぐことが難しいのです。

今のところ、ハウス内に鶏小屋をつくり、朝晩開け閉めすることで解決しています。

草や野菜クズや果物をエサに、卵は絶品

現在はニワトリをヒナから育てています。毎年20羽ずつヒナを導入し、まずは隔離して育て、大きくなったら放

自家用の卵。食べだしたら、もうやめられない。
卵はここ6 ～ 7年買っていない

ハウス内で食事中のニワトリたち。品種はさまざま。雄鶏も雌鳥も卵を産まなくなったおばあちゃん鶏もいる

し飼いにします。

30ａ（ハウス2棟）でウコッケイ20羽、ボリスブラウン25羽、岡崎おうはん4羽、白色レグホン5羽、チャボ2羽です。草取りを目的とすれば、10ａ5～10羽で十分だと思います。

わが農園では卵を産まなくなったニワトリもそのまま飼い続け、天寿をまっとうさせています。経営的にはマイナスだと思いますが、ペット感覚があり、殺すことはできません。

エサは市販の配合飼料が主体で、あとはひとりでに草や害虫やミミズなどを食べています。ただ、ハウス内で草が生えなくなってきたので、ミカン畑の草を刈ったり、近所で野菜の水耕栽培をしている農家からクズをもらったりして、ニワトリに与えています。

さらに自前のカンキツ類を輪切りにし、デザート感覚で食べさせているため、卵は絶品です。卵かけご飯にすると、そのおいしさを痛感します。

卵は親戚や友人にも販売しています。「この卵を食べたら、他の卵が食べられない」というファンの声援に励まされ、これからもニワトリと付き合っていこうと思っています。

鶏舎は奥行きもあり、気持ちのよい空間。止まり木では純国産鶏「もみじ」がくつろいでいる

3000羽

夫婦で始めた平飼い養鶏

お米を食べて、丈夫な卵を産むニワトリたち

愛知県稲沢市●安田博美さん（㈱歩荷（ぼっか）代表取締役）

写真＝五十嵐 公　イラスト＝岡田知子

安田博美さん

建築関係の仕事から新規就農へ

広々した鶏舎では、ニワトリたちがそこかしこに動き回っている。エサをつつくものもいれば、止まり木でリラックスしているものもいる。

愛知県稲沢市の田んぼに囲まれた「歩荷」はおよそ3000羽を飼育し、卵を生産する。数万羽規模が一般的なこの世界では小規模といえる養鶏を、博美さんが夫の王彦（きみひこ）さんとともに始めて約20年になる。

どんなふうに飼っている？

鶏舎

夫婦で設計、建築した木造の鶏舎（約1600㎡）。ロッカーのように見えるのは「ネスト」と呼ばれる産卵場所。鶏は高い場所に巣をつくりたがる習性がある

エサ

玄米、モミ米、米ヌカで飼料全体の70%を占める。そのほか大豆粕、カキガラ、塩など（すべて非遺伝子組み換え作物）。歩荷で使っているモミ米は「ゆめまつり」という食用の品種

産みたての卵を集める王彦さん。ネストで産まれる卵は網にそのまま転がるので糞や土がつかず清潔で洗う必要がない

販売

農場内の直売所で販売するほか、ネット通販等も行なう。「歩荷の卵はまず生で食べてほしい」と王彦さん。醤油はほんの少しで十分。好みでコショウをかけてもおいしい

「もとは夫婦で建築関係の仕事をしていたんですが、当時はとても忙しくて、お金はあっても時間がない。食べることが一番の楽しみだったんです」と博美さんは話す。

おいしいものを食べたいと思っていろいろ調べてみると、農薬や添加物が気になりだし、安心して食べられるものが少ないことに気づいた。食いしん坊の2人は、だったら自分たちの手で本当においしいもの、信頼できるものをつくろうと就農を決心。とはいえ、農業に関してはまったくの素人。2人とも動物好きなので養豚や酪農も考えたが、「大きい動物は世話が大変でしょ？ ニワトリなら小さいし、卵の出荷は収入も安定しやすいと思って養鶏にしました」と王彦さん。

まずは研修を受け、休みの日はベテランの養鶏農家を何軒も訪ねた。そこで誰もが安心して食べられる卵には、ニワトリが健康であることが大事だと学ぶ。ニワトリにとって快適な環境を考え、建築の仕事の経験を生かして、友人の大工と図面をつくり、一緒にカナヅチを振って出来上がったのが、今の鶏舎だ。

地元農家と始めた「飼料米」の挑戦

鶏舎は適度に広く、床にはモミガラが敷かれているため、鶏糞が乾燥しやすく適度に湿気もあり、発酵もすすむ。だから養鶏場特有のニオイはほとんど感じられない。ニワトリたちは1坪あたり5羽の割合で放されており、あちこち駆け回れる広さ。晴れた日には、鶏舎と地続きになった原っぱを飛び回れる。非常に開放的な雰囲気なのだ。

安田さん夫婦は、コストよりニワトリが健康でいられるエサを重視。エサの主体は、玄米、モミ米、米ヌカなどの米だ。

歩荷では、養鶏を始めた当初から非遺伝子組み換えの輸入とうもろこしを使っていたが、2007年ごろから、世界的な干ばつなどの影響で値段がぐんと上がった。「そこで、改めて輸入の輸送に伴うCO_2の排出量や、不安定な価格に疑問がわいてきました」と博美さん。

何かとうもろこしの代わりのものがないか考え始めて気づいたのは、養鶏場の周りの田んぼ。米はとうもろこしと同じ穀物だし、栄養価が近いからエサにしても問題ない。米をニワトリのエサにすれば、米の消費量も増えるし、耕作放棄地も減るのでは？

「でも、実際、農家にお願いするのは大変だった（笑）。みんな飼料用に米なんてつくったことなかったから」

memo

無洗卵
表面を洗わないことで、卵の内部を守る殻の保護膜を残した卵。一般に流通している卵は、次亜塩素酸ナトリウムなどを含んだ温水で殺菌・洗浄されている。

遺伝子組み換え作物、非遺伝子組み換え作物
家畜のエサの中心であるとうもろこしや大豆の多くは輸入で、そのほとんどが遺伝子組み換えされたもの。非遺伝子組み換えのとうもろこし等は生産量が少なく価格も高い。

鶏舎からつながる運動場所。青々とした草は食べ放題。草を食べたり、日向ぼっこしたり、それぞれがのびのびと過ごす

今でこそ家畜のエサに使う米を「飼料米」というのが普通だが、当時はその言葉もそれほど知られておらず、協力してくれる農家もなかなか見つからなかった。実現したのは思い立って2年後の2010年。知人を通じて紹介された農家でようやくつくってもらえるようになった。

まず与えたのは、モミガラのついたモミ米。とうもろこしの2割程度を代替してみた。今までどおり食べてくれるか心配したが、意外にも食いつきはいい。「ニワトリは単純に、粒が大きいのが好きみたい。粉砕された他のエサより一番粒が大きなモミ米から食いつくんです」。これなら米でもニワトリを育てられると2人は確信をもった。

モミ米が卵の殻を固くする？

モミ米を取り入れてしばらくすると、博美さんはニワトリの変化に気づいた。1羽あたりの産卵率が5〜10％ほど落ちたのだ。卵の数が減れば経営的には逆効果と思えるが、安田さん夫婦はむしろモミ米の効果として前向きに受けとめた。産卵用のニワトリは、卵をたくさん産めるよう高度に育種改良されたものだ。

「もちろん、卵はたくさん産んでほしいけれど、それでニワトリが疲れてしまったら卵の質も落ちてしまう。だから、少し産卵率が落ちるぐらいが、ニワトリ本来の健康的な状態といえるのでは」と王彦さんは考えている。

実際、産卵率の低下とともに卵の殻が固くなった。固い殻は卵の品質のよさを表わす指標の一つ。中身を雑菌から守る役割がある殻は、固いほど雑菌を寄せ付けにくく鮮度も保てる。一般に、卵の賞味期限は2週間としているところが多いが、歩荷では無洗卵ということもあり、1カ月に設定している。

博美さんから産みたての卵を手渡された。机に打ちつけてもなかなかヒビが入らず、かなり力を入れてやっと割れた。黄身、白身ともこんもりとして新鮮で、生のまま食べてみたところ、サッパリした味わい。卵特有の生臭みを感じないので、生卵が苦手な人でもこの卵かけご飯なら食べられそうだ。

米70％の「米たまご」を実現

その後歩荷では、モミすり機を導入した。モミを取った玄米の栄養価はとうもろこしとほぼ同等だから、とうもろこしをそのまま、玄米に替えられる。

そして、輸入とうもろこしを100％米に代替することに成功。飼料全体の約70％を玄米、もみ米、米ヌカが占める「米たまご」を実用化した。

「日本のエサだけでニワトリを育てられたら、初めて胸を張って国産の卵ですっていえるよね」。人と環境に優しい食を提供するため、2人はもう次の目標に向かって進み始めている。

ニワトリを飼う前に

知っておきたいチェックポイント

□ 頑丈な小屋をつくる（詳しくは32ページ）

ニワトリは、外敵（ネコ、イヌ、ネズミ、カラス、イタチ、タヌキ、ハクビシン、アライグマ、テン、キツネ、トンビなど）にとても狙われやすい動物。獣が侵入できない頑丈な小屋をつくることが第一。放し飼いをするにしても、夜間は小屋に必ず入れること。

□ エサを確保する（詳しくは48ページ）

農協やホームセンター、ペットショップなどで、ニワトリ用の配合飼料（とうもろこしなど複数の原料を、動物に合った栄養価になるよう配合した飼料）を購入するのが手軽で安心。地元で手に入るクズ米、米ヌカ、クズ麦、フスマなどの資源を利用できれば経済的だ。家庭で出る野菜クズや、庭や畑の草もよく食べる（緑餌）。自家配合するときは、カロリーやタンパク質、カルシウムなど、必要な栄養バランスがとれるように設計したい。

□ 鳴き声の対策

雄鶏は夜明け前からけたたましく鳴くし、雌鶏もときどき鳴く。飼う場所のすぐ近くに人が住んでいる場合は、事前に説明したり、卵をおすそわけしたりして、理解を得ておきたい。

□ 鶏糞の使い道を見つけておく

小屋の中の鶏糞入りの床土は、定期的に取り出してきれいにしておきたい。畑や田んぼの肥料にするなど、あらかじめ使い道を考えておきたい。

□ ニワトリの処理の仕方を決めておく（詳しくは96、99ページ）

寿命が尽きるまで飼い続ける場合は、埋める場所を用意しておく必要がある。解体して食べる場合は、処理の仕方を覚えたり、処理ができる人に頼んだりする必要がある。できれば飼う前に目途を立てておきたい。

□ 最寄りの家畜保健衛生所に届け出を出す

自家用の飼育であっても、年に1回、管轄の家畜保健衛生所に飼養状況を報告する義務がある（家畜伝染病予防法に基づく）。詳しい報告方法や申請先は、都道府県のホームページで確認できたり、市役所・役場の農政課などで教えてもらえる。

※ニワトリの入手方法については、92ページをご覧ください。

知っておきたいニワトリのきほん

ニワトリってどんな動物？
どんな種類がある？
飼う前に知っておきたいきほんの情報をまとめました。

飼ってみたい！ニワトリの品種

各ニワトリの入手先は92ページをご覧ください。

（小倉隆人撮影、以下Oも）

白色レグホン

イタリア原産で、世界的にもっとも普及している卵用鶏種。早熟で多産。白い卵を産む。

よくなつき、卵もよく産む。ボリスブラウン並みに飼いやすい（長畠耕一さん、12ページ）

（O）

横斑プリマスロック

アメリカ原産の卵肉兼用種。日本に輸入されてから100年以上の歴史を持つベーシックな品種。羽毛が黒と白の縞模様になっているので横斑という名がついている。おとなしくて飼いやすい。卵殻は薄茶色で、肉もおいしい。

（皆川健次郎撮影）

名古屋種

国産実用鶏の第1号。「名古屋コーチン」とも呼ばれる。おいしい「かしわ肉」として有名で、薩摩鶏、比内鶏とならんで日本三美味鶏といわれている。気性がとてもおだやかで、卵もよく産み、飼いやすい。卵殻はさくら色で、白い斑点が出ることがある。

ロードアイランドレッド

アメリカ原産。卵肉兼用種で卵殻は赤褐色。深い赤色の羽毛が美しい。丈夫で飼いやすく、産卵期間も長い。現在はおもに品種改良の交配親として利用されている。

（皆川健次郎撮影）

ボリスブラウン

アメリカ原産の卵用種で、ロードアイランドレッドの系統。赤茶色の卵を産む。日本で販売されている赤玉の卵の多くはボリスブラウン。

（O）

ニワトリの祖先は、ヤケイと呼ばれる野生ニワトリの一つ、「セキショクヤケイ」だといわれている。東南アジアやインドで家畜化され、約2000年前、弥生時代に日本に渡った。その後、稲作の伝播とともに日本各地に広まり、その土地独特の地鶏になっていった。

ニワトリは長い間、闘鶏や時計代わり、愛玩用のペットとして、庭先で放し飼いにされてきた。江戸時代からは、卵や肉の生産のために、たくさんのニワトリを飼う養鶏産業が興った。一方、江戸中期からは、チャボやウコッケイなどの多様な品種が観賞用としても珍重されていく。

明治以降、養鶏はさらに盛んになり、白色レグホンなどの外国種を導入したり、名古屋種などの地鶏を外国種と交配するなど、ニワトリの改良が進んだ。

そして、現在の採卵専用のニワトリは、60gくらいの卵を1年で300個以上産み、肉用のブロイラーは2カ月で約3kgにも育つ。祖先のセキショクヤケイは、体重は500〜600gで、20gの卵を年に20〜50個しか産まないというから、すごい改良が行なわれたことになる。

（参考：『ニワトリの絵本』『農業技術大系　畜産編』（農文協））

岡崎おうはん

日本では数少ない純国産の卵肉兼用種。横斑プリマスロックを父に、ロードアイランドレッドを母に作出された。外国種に比べて黄身が一回り大きい。高い産卵率が持続し、産卵後期も卵が大きくなりすぎない。肉も非常においしい。

一番飼いやすい。人によくなつくし、卵をたくさん産む（長畠耕一さん）

（写真提供（独）家畜改良センター　岡崎牧場）

後藤もみじ

産卵性が高い純国産の赤玉鶏。卵の殻の強度は抜群といわれている。

（倉持正実撮影）

比較的人になつきやすく、飼いやすい印象。卵もよく産みます。卵は赤玉で殻が固く、白身の弾力が特徴です（末永郁さん、114ページ）

視察に来た人に「卵も肉もおいしい」と教えてもらい、試しに導入。人なつっこい。どんな卵を産むか、これからが楽しみ（長畠耕一さん）

ネラ

ニワトリの野生種に近い、オランダ原産の卵肉兼用種。産卵率は高くないが肉はおいしいと定評がある。体が大きいのも特徴（白色レグホンの約1.4倍）。

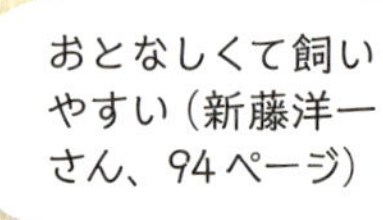

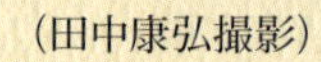

（田中康弘撮影）

比内地鶏

秋田県の比内地方を中心に飼育されている肉用品種。歯ごたえはあるが加熱しても硬くなりすぎず、肉の味が濃いといわれている。

ウコッケイ

卵は１週間に１個程度しか産まないが、卵も肉も血も栄養価が高い。薬効成分もあるので病気に効くといわれている。ほとんど改良されていないため卵を抱く習性が残されており、自家繁殖したいときに役立つ（62ページ）。卵殻は肌色で、卵は小さい。

人にあまりなつかない。産卵数は少ないが、卵は味が濃くておいしい（長畠耕一さん）

(O)

(O)

アローカナ

チリ原産の品種で青色の卵を産む。産卵は不定期だが、卵は栄養価が高い。

物珍しさから、直売やマルシェでは1個100円でも売れます。味も黄身にコクがあります。やや繊細でか弱い品種です（末永郁さん）

アローカナクロス

アローカナの原種をホシノ交雑種に交配し、産卵率を高め強健にしたニワトリ。150日前後で卵を産み始め、産卵率は70～75%。

（写真提供 とりっこ倶楽部ホシノ）

(O)

チャボ

他のニワトリ品種に比べて小型。チャボの中にも多くの種類があり、古くから観賞用として愛好されている。

警戒心が強いのか、全然なつかない。卵が小さい。産む数も少ない（長畠耕一さん）

ニワトリのお腹を探検！

空を飛ぶ鳥類としてのニワトリは、
自分の体を軽くするために、
消化器官が短く、
食べたそばから糞を出す。
エサの３割程度しか消化・吸収しない
といわれるが……

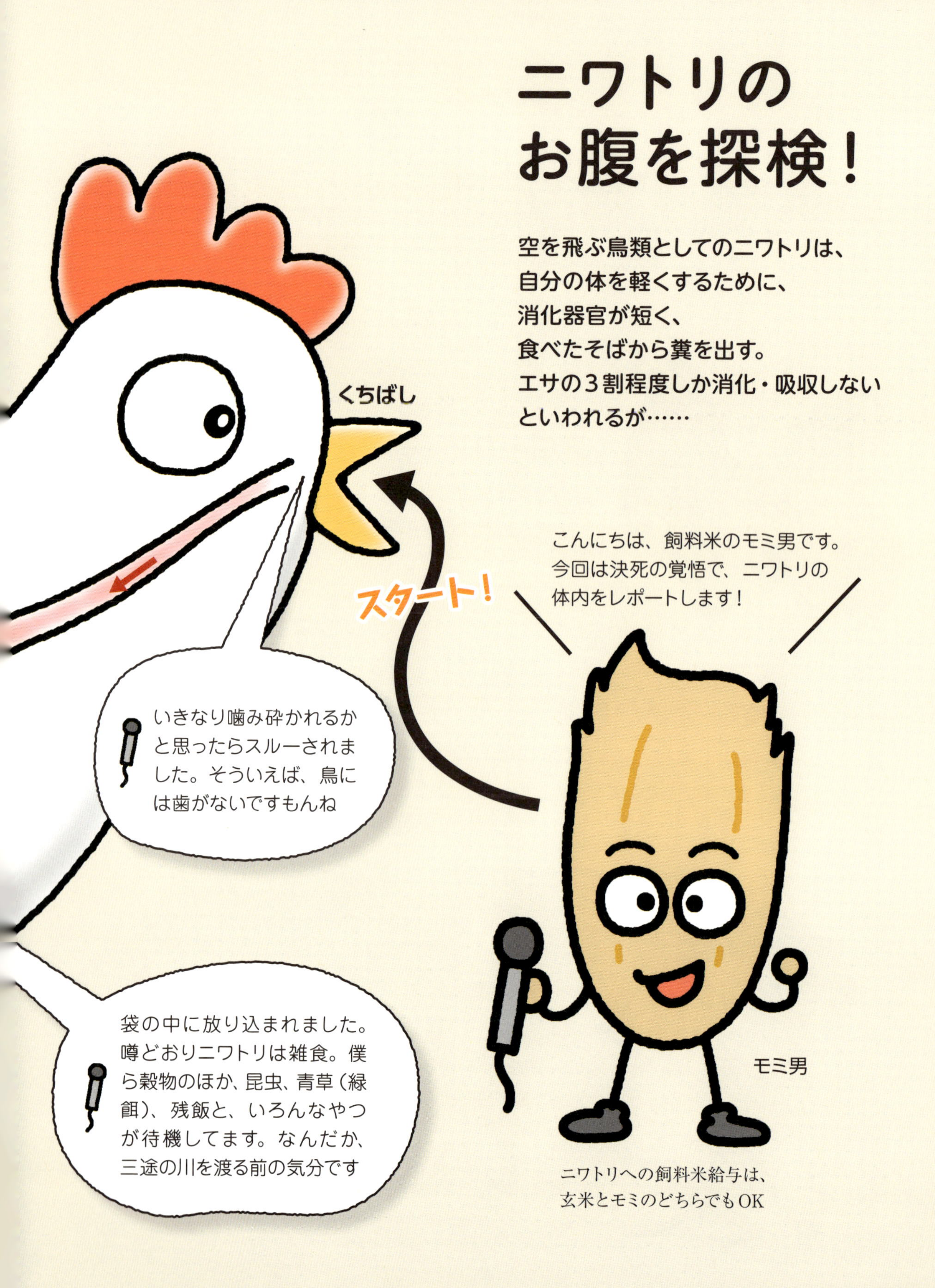

ニワトリへの飼料米給与は、
玄米とモミのどちらでもOK

●脂肪はそのままでも吸収

脂肪は消化されなくても吸収される(哺乳類はグリセリンと脂肪酸に分解して吸収)。エサ中の脂肪の性質がそのまま体内に取り入れられるので、魚油を与えると肉や卵に強い魚臭が発生。

●デンプン・タンパク質の消化能力は高い

デンプンはほぼ完全にブドウ糖に分解されて吸収される。タンパク質はアミノ酸に分解されるが、その種類によって吸収率が変わる。平均的には75 ～ 90%吸収される。

●飼料米でビッグな砂肝

エサのとうもろこしをすべてモミに置き換えると、硬いモミガラを砕くために筋胃（砂肝）が活発に働き、巨大化する。

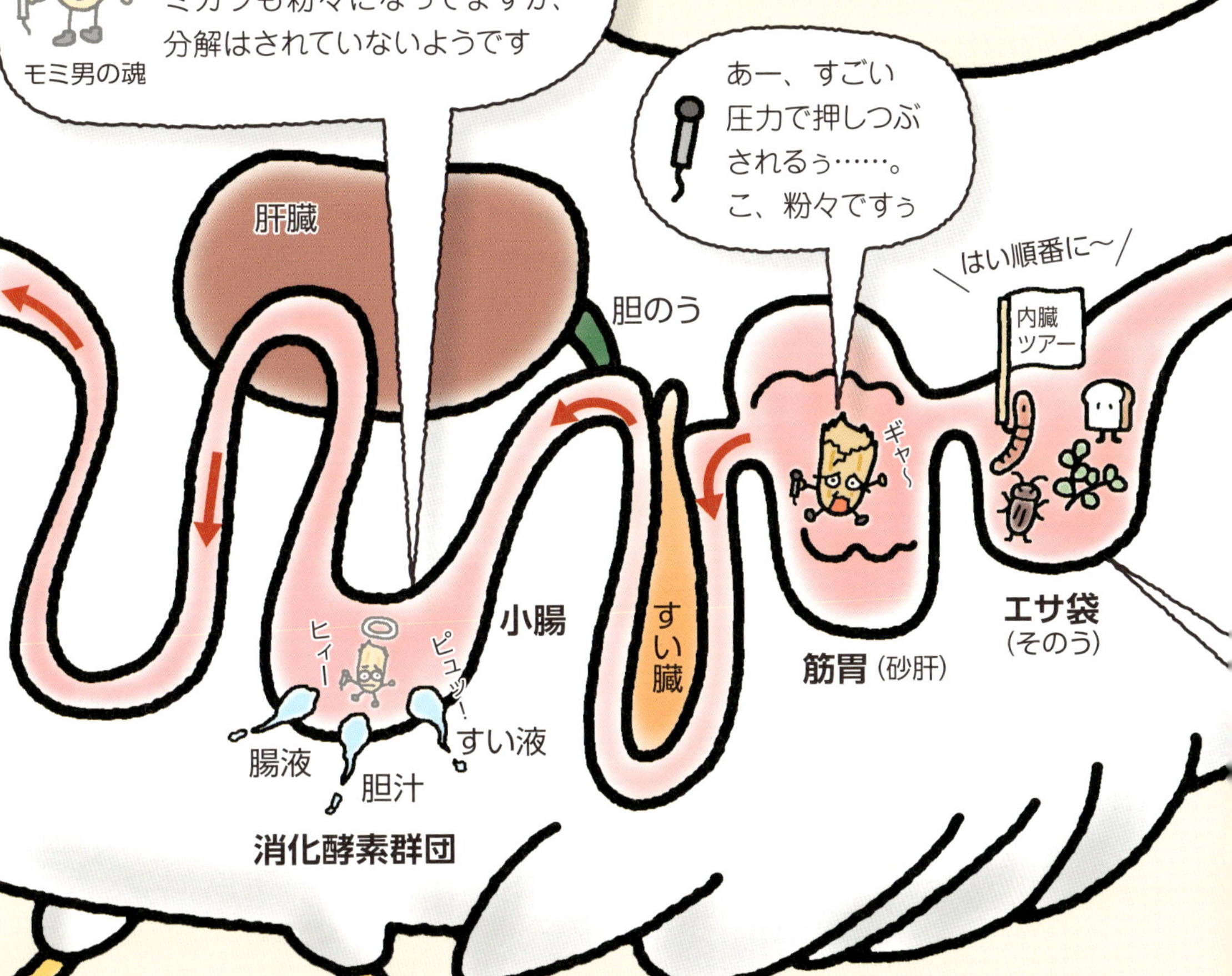

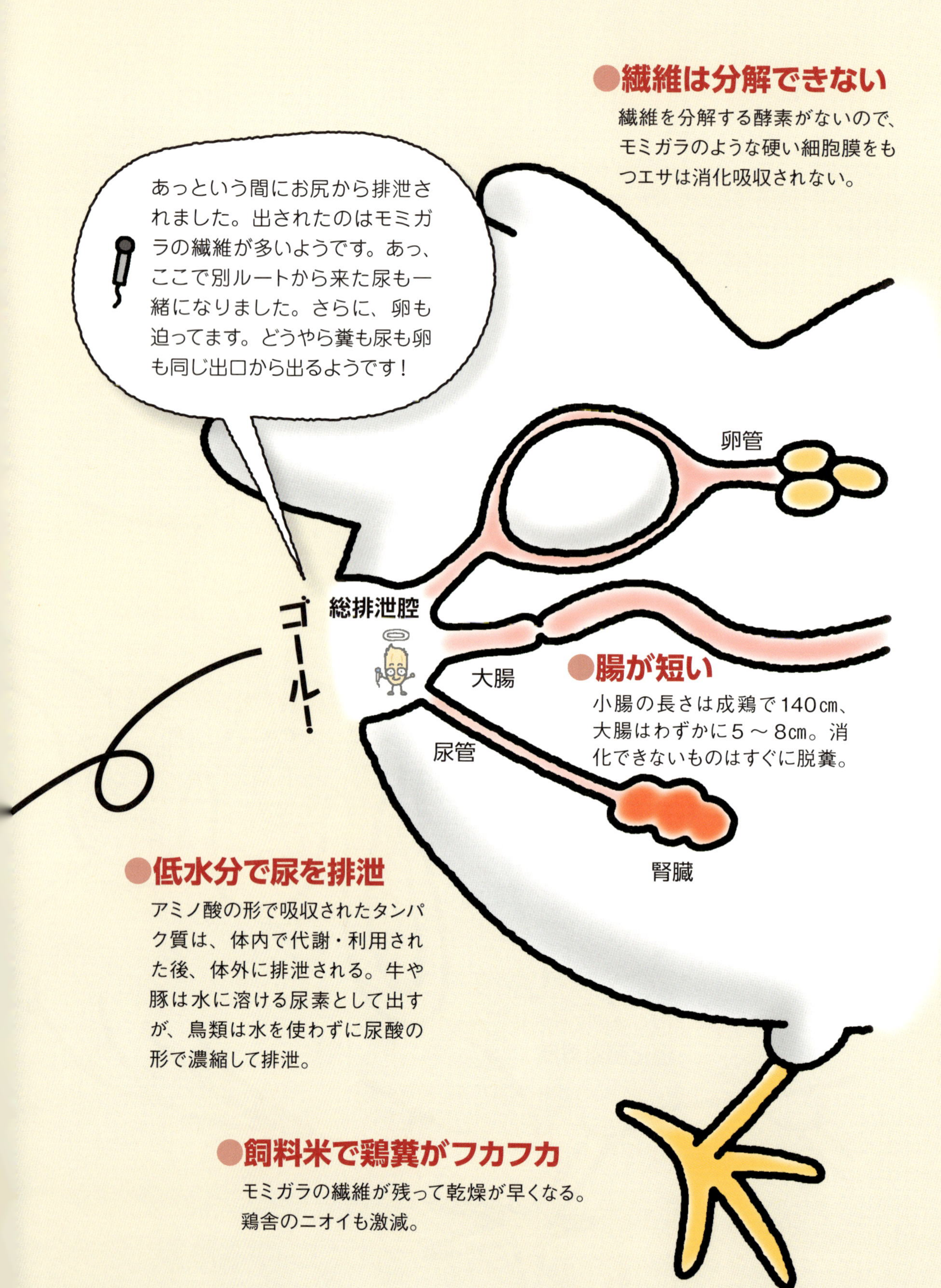

●飼料米で鶏糞がフカフカ

モミガラの繊維が残って乾燥が早くなる。鶏舎のニオイも激減。

●じつは高い消化能力!?

ニワトリは体重を1kg増やすのに2.5kgの飼料で済むといわれる。豚は5kg、牛は10kg必要とされる。分解しやすい栄養は素早く体内に取り込み、消化・吸収に時間のかかるものはさっさと排泄。空を飛ぶために進化した鳥類ならではの、見極め能力かもしれない。

繊維は消化されないけど、デンプンやタンパク質はかなり消化・吸収されたようです

消化管の旅を終えて……

虫
青草
飼料米
おから
回転率を高めて栄養補給！

●鶏糞にチッソが多い理由

低水分の尿が糞と一緒に出てくるから、鶏糞はチッソに富む（糞と尿が別々に出る牛や豚の場合、糞のチッソは少ない）。

＊ケージ飼いの採卵鶏では、（牛や豚と違って）敷料がないので、その分チッソが薄まらないという理由もある。

「庭の鳥」だからニワトリ。5000年以上も前から
庭先で人間とともに暮らしてきた。

ニワトリのからだ

分類	鳥綱 キジ目 キジ科
体重	約2～5kg
寿命	10～15年

とさか

頭の皮膚が発達したもので、オスのとさかのほうがメスのものより大きい。特別な役割はなく飾りのようなもの。単冠、バラ冠、クルミ冠などいろいろな形がある（写真：小倉隆人）

単冠　バラ冠　クルミ冠

翼

日が短くなる秋から冬にかけてメスは産卵を休む時期があり、その時期に全身が新しい羽毛に生え変わる

首

尾

写真の品種はボリスブラウン

肉垂（にくだれ）

とさかと同じで、特別な役割はなく飾りのようなもの

胸

胃

胃の中に、飲み込んだ砂をためている「筋胃」と呼ばれる場所がある。ニワトリは歯がないのでエサを噛むことができないが、飲み込んだエサを「筋胃」の中の砂とこすりあわせてすりつぶすことで、消化を助けている（焼き鳥の「砂肝」の部分）

もも

脚

爪で土を掘り返して、地面の中にいる虫を探し出す。4本の指で木の枝にしっかりつかまることもできる

ニワトリは、一生のあいだに何個卵を産むの？

卵用の品種の場合、メスのニワトリは生後5カ月目ごろから卵を産み始め、6～7カ月目になると毎日のように卵を産む。その後だんだん産む数は減るものの、約7年間は卵を継続的に産み続け、一生のあいだに全部で1,500個くらい産卵する能力を持っている。

ただし、現在の大規模な養鶏場では、産卵の減る1年半～2年目をすぎたニワトリは効率がよくないので食肉処理される（廃鶏）。

ニワトリが安心快適な小屋をつくる

ニワトリは外敵に狙われやすい動物。
ニワトリが安心・安全に暮らせる小屋づくりを、
先輩たちに教わりました。

筆者とニワトリ小屋

脱走防止用のワイヤーメッシュ。獣害防止用に網目の間に針金を張る（矢印）

鳥獣害を徹底ガード パイプハウス鶏舎

長野市●竹内孝功（あつのり）

写真＝依田賢吾

経年劣化で隙間が狙われる

農的な生活を始めて早20年。自然養鶏は廃鶏20羽をもらってきて始めました。小屋ももらったパイプハウスや木材、中古の金網、トタンなどありあわせでつくりました。

1、2年目はよかったのですが、3年目に事件が起きました。朝エサをあげに行くと羽が散乱し、首のないニワトリが転がっていました。小屋の角に穴が開いており、そこから外に他のニワトリ達も転々と……。後でわかったのですが、キツネが小屋の死角に穴を掘り、1日に1羽ずつ人目を盗んで持ち逃げし、最終日に家族で一気にニワトリを全滅させたようです。その後も劣化したネットや朽ちた木などの箇所からテン、イタチ、タヌキ、ネズミなどのあらゆる獣害を受けました。

約8年間格闘した結果、経年劣化に伴うちょっとした隙間を、野生の動物達は的確に狙ってくることがわかりました。そこで劣化しにくく、獣対策の万全な小屋を考えるようになりました。

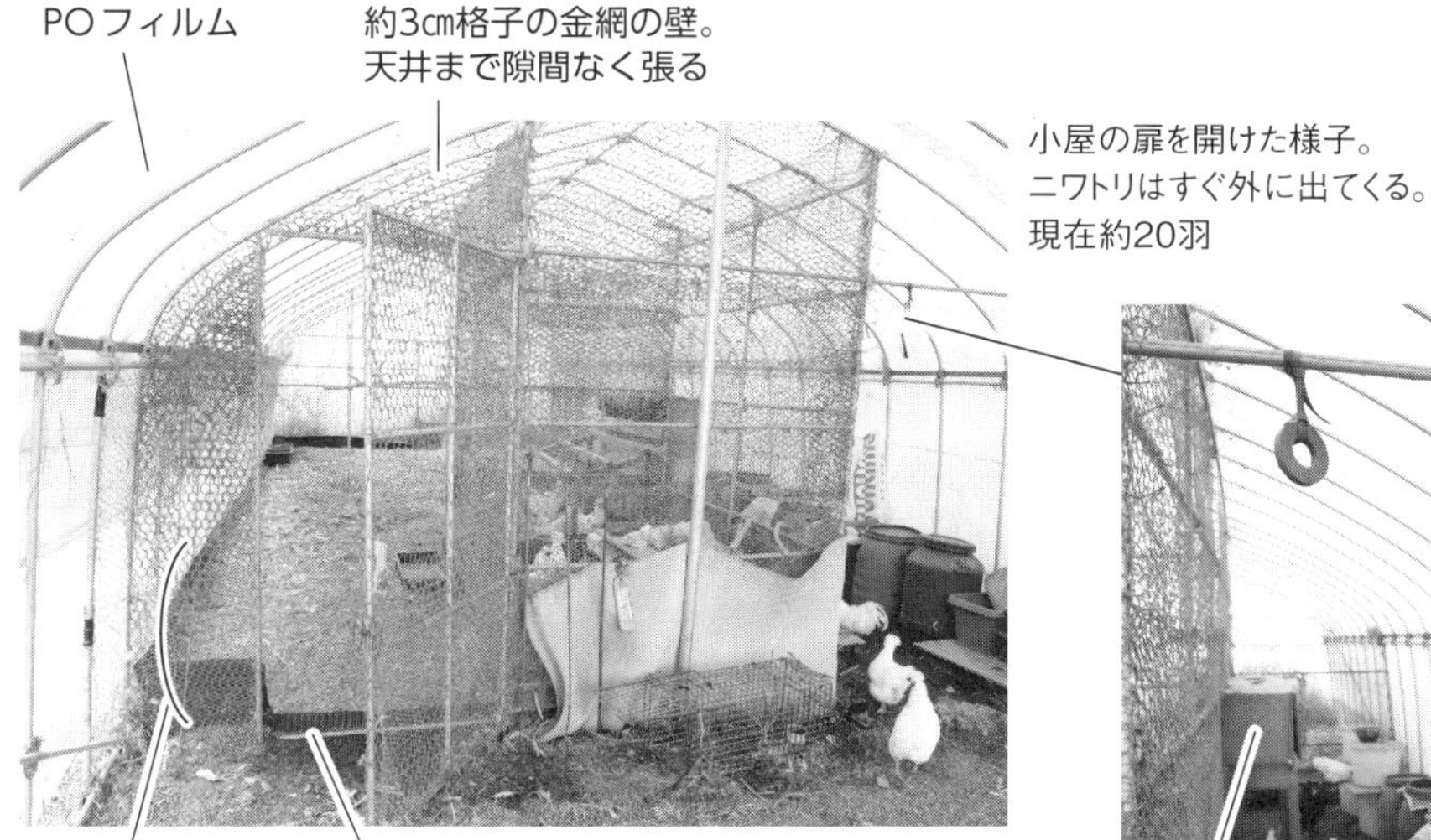

小屋の扉を開けた様子。ニワトリはすぐ外に出てくる。現在約20羽

カラス、スズメよけに磁石やCDをぶら下げる

地下15㎝から地上75㎝まで1㎝格子のラス網（0.9×1.8m）も張って強化する

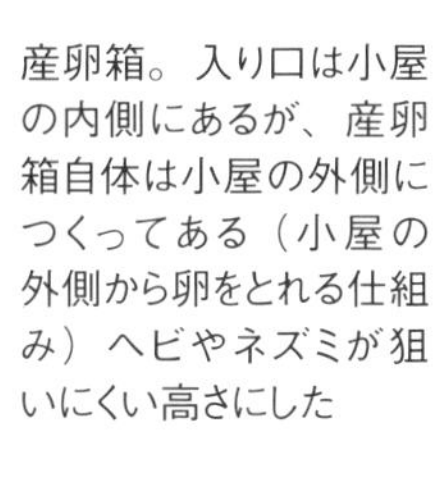
産卵箱。入り口は小屋の内側にあるが、産卵箱自体は小屋の外側につくってある（小屋の外側から卵をとれる仕組み）ヘビやネズミが狙いにくい高さにした

パイプハウスは隙間ができにくい

現在わが家のニワトリ小屋は、ビニールパイプハウスの骨組み（19㎜）に、白い遮光性のPOフィルム「タフシェード真白」（遮光率85％）を全体に張っています。室内は明るく、冬は積雪に強くハウスの倒壊を防ぎ、夏は遮光して昨年の酷暑でもニワトリ達は熱中症にならずに助かりました。パイプハウスは基礎をつくらなくても畑に簡単に設置・移動できます。経年劣化がほとんどなく、直線的な構造なので隙間もできず、獣にやられにくい構造です。自然界の獣にとって人工的な環境は攻めにくくなります。

アゼシートで地下道を断つ

以前はネズミやキツネに穴を掘られないように、小屋の周囲に古瓦を深さ30㎝ほど埋めていましたが、湾曲した瓦を並べても隙間ができてネズミが入って「ネズミーランド地下帝国」ができてしまいました。その地下行路がキツネの穴掘りをラクにさせてしまいました。現在は田んぼ用の耐久性の強い

ニワトリ小屋の間取り

ニワトリの飼育密度は、たたみ1畳につき2羽まで。
この小屋は約15畳なので、30羽くらいは飼える。

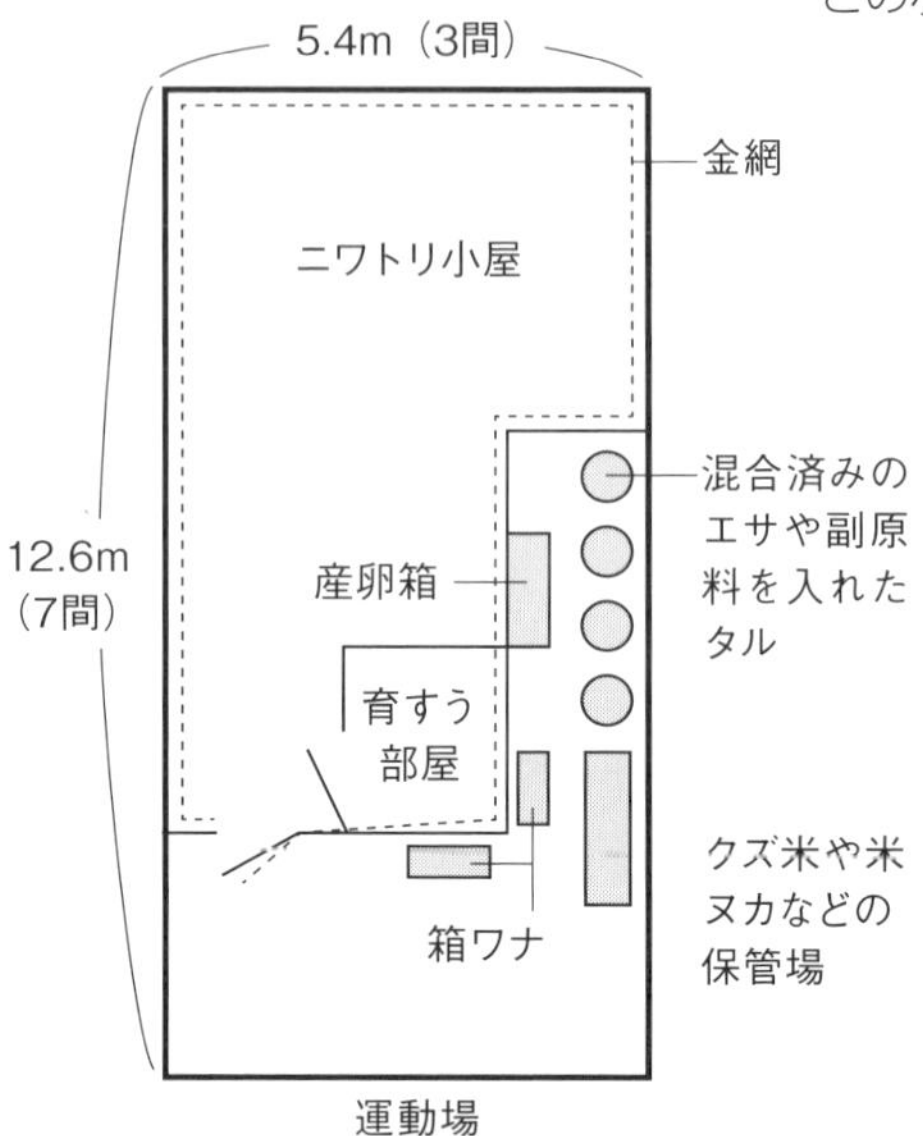

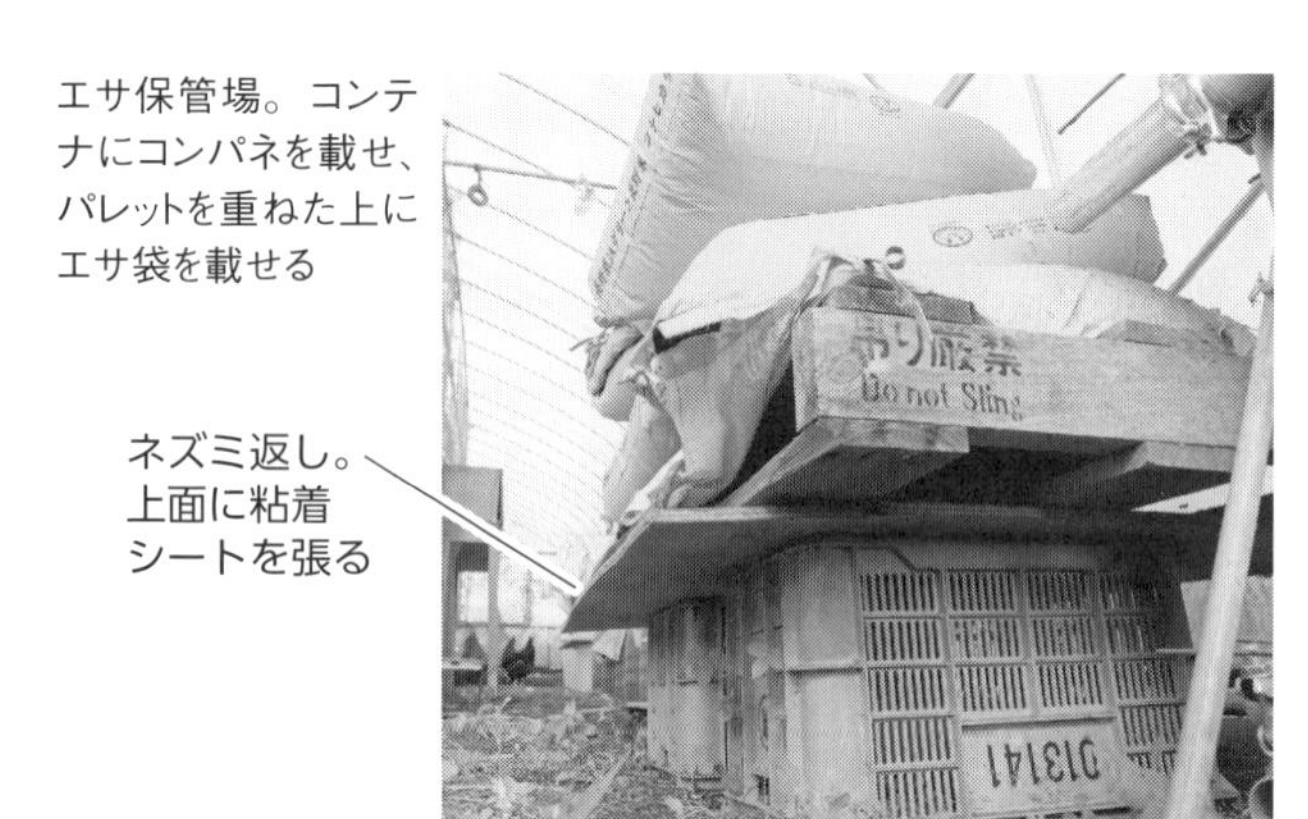

エサ保管場。コンテナにコンパネを載せ、パレットを重ねた上にエサ袋を載せる

ネズミ返し。上面に粘着シートを張る

箱ワナはネズミ穴がよくつくられる場所に設置。キツネなどはネズミ穴を掘って侵入しようとする

畳表。ヒナの風よけと遮光用

外側のPOフィルム内側にもラス網があるため、獣は外からビニールを食い破ってもあきらめる

育すう部屋（詳しくは64ページ）。小屋の中に設置することでネズミやヘビから守る。外壁同様にラス網やアゼシートで囲む

アゼシート（30㎝幅、1・5㎜厚）を25㎝埋めることで隙間がなくなり、地下からの脅威はなくなりました。

壁はラス網を重ねて強化

亀甲金網は安価ですが穴が大きく、ヘビ、ネズミ、イタチ、ハクビシンなど小動物が侵入したり錆びて傷んだりするので、侵入しにくく劣化しないものを探しました。それがモルタル左官用のラス網でした。網目も小さくて動物が登りにくい構造で、10年経っても腐食せず助かっています。地下に15㎝程度埋めてアゼシートと重ねてあるので、隙間もできません。

エサ保管場にはネズミ返し

ニワトリを入れる部屋の外には、一時的にクズ米や米ヌカを入れた米袋を保管しています。昼間はスズメなどの野鳥やハトに狙われます。これは防鳥用強力磁石や鳥よけCDを設置してから来なくなりました。

ネズミ対策には、コンパネとコンテナでつくったネズミ返しの上にネズミ粘着シートを張り、その上にエサを置くことで問題なく保存できるようにな

調子が悪いときは飲み水にプラスα

- **ヒヨコや中ビナが風邪をひいたとき**
  水に酢を5%くらい混ぜる。エサにはトウガラシ、ニンニクを混ぜる
- **ニワトリの食欲がないとき**
  水に光合成細菌を10%くらい混ぜ、エサにトウガラシを混ぜる
- **病気のとき**
  水10ℓに酢と光合成細菌をペットボトルキャップ3杯ずつ入れる

水飲み場は、丈夫な工具箱を3個使用。夏は毎日水を入れ替えて清潔に保つ。古い水は土にばらまき、床土の発酵を促す

4×4㎝の角材でつくった止まり木と産卵箱の入り口（奥の黒い部分）。ニワトリは夜高い場所で寝る習性があるので、止まり木は必須。ニワトリには序列があるので、高さの違うものを数本用意し、弱いニワトリも止まれるように、別の場所にも設置する

りました。

産卵箱は外側から卵を回収できる仕組みに。箱の高さは1・5mあるので、ネズミやヘビが卵を狙いにくいです。

ネズミ穴のそばに箱ワナ

冬や春先にネズミが増えると、ネズミの穴を利用して、ネズミとニワトリの両方を狙うタヌキやキツネ、イタチなどが来ます。ニワトリ小屋の近くにネズミ穴があれば、そのそばに中小動物用の箱ワナを仕掛けます。ワナにかからなくても警戒するようになるので、ニワトリの被害が出なくなります。

外に出し入れしやすい

パイプハウスはドアを設置しやすく、ニワトリも人も出入りしやすいことも特徴です。天気のよい日にドアを開けておくと、ニワトリたちは外に出て草や虫を探して食べてのびのび過ごしています。完全放任だと近くの畑の野菜を食べに行ってしまうので、トンビやカラスから身を守るためにもワイヤーメッシュで囲っています。ニワトリは帰巣本能があるので、夕方には小屋に戻っていきます。新しいヒナやニワトリがいる場合は慣れるまで外に出しません。

ニワトリを飼うと日々の生ゴミはエサになり、卵かけご飯は最高、床土は堆肥や踏み込み温床の材料に最良と、自給暮らしには欠かせません。ぜひ、鳥獣害の出にくいニワトリ小屋でニワトリのいる暮らしを始めてみませんか。いいですよ〜。

※50ページ、62ページにも竹内孝功さんの記事があります。あわせてご覧ください。

夏に涼しいニワトリ小屋

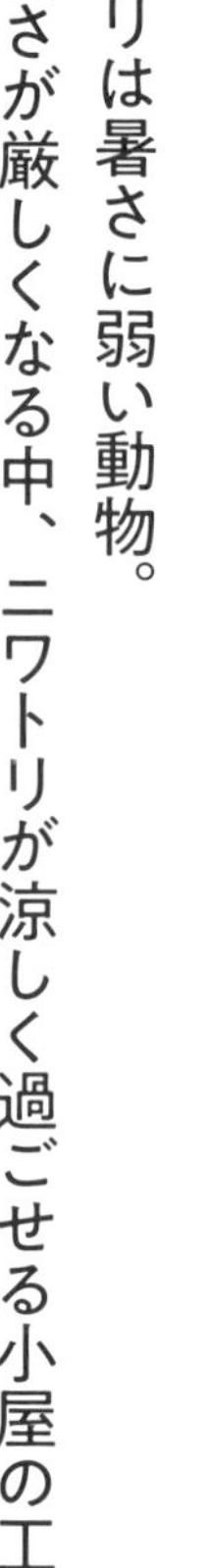

ニワトリは暑さに弱い動物。
夏の暑さが厳しくなる中、ニワトリが涼しく過ごせる小屋の工夫を紹介。

エサ置き場（北東）から見た鶏舎。天井に集まった熱気が外に抜けやすい構造

屋根を高くして熱気を逃がす

茨城県大子町●松浦 薫

アローカナ70羽、ボリスブラウン110羽（ヒナ含む）、ウコッケイ40羽（ヒナ含む）ほどを平飼いしています。

ニワトリは暑いときでも汗をかけないので、口を開けて体温調整をしています。そんな苦しそうにしている日が続くと、産卵率も下がります。

以前の古い鶏舎は屋根の高さが2mと低く、熱気がこもりやすく、夏はかなり高温になっていました。

そこで昨年、新しい鶏舎をつくり、暑さ対策として屋根を高くしてみました。一番高い所で4・5mと倍以上にしたところ、思った以上に涼しく、人間が入ってもかなり快適な空間となったと思います。38℃になる日でも、ニワトリが口を開けることもなく過ごせました。

日が当たる南西側

鶏舎を横から見た図

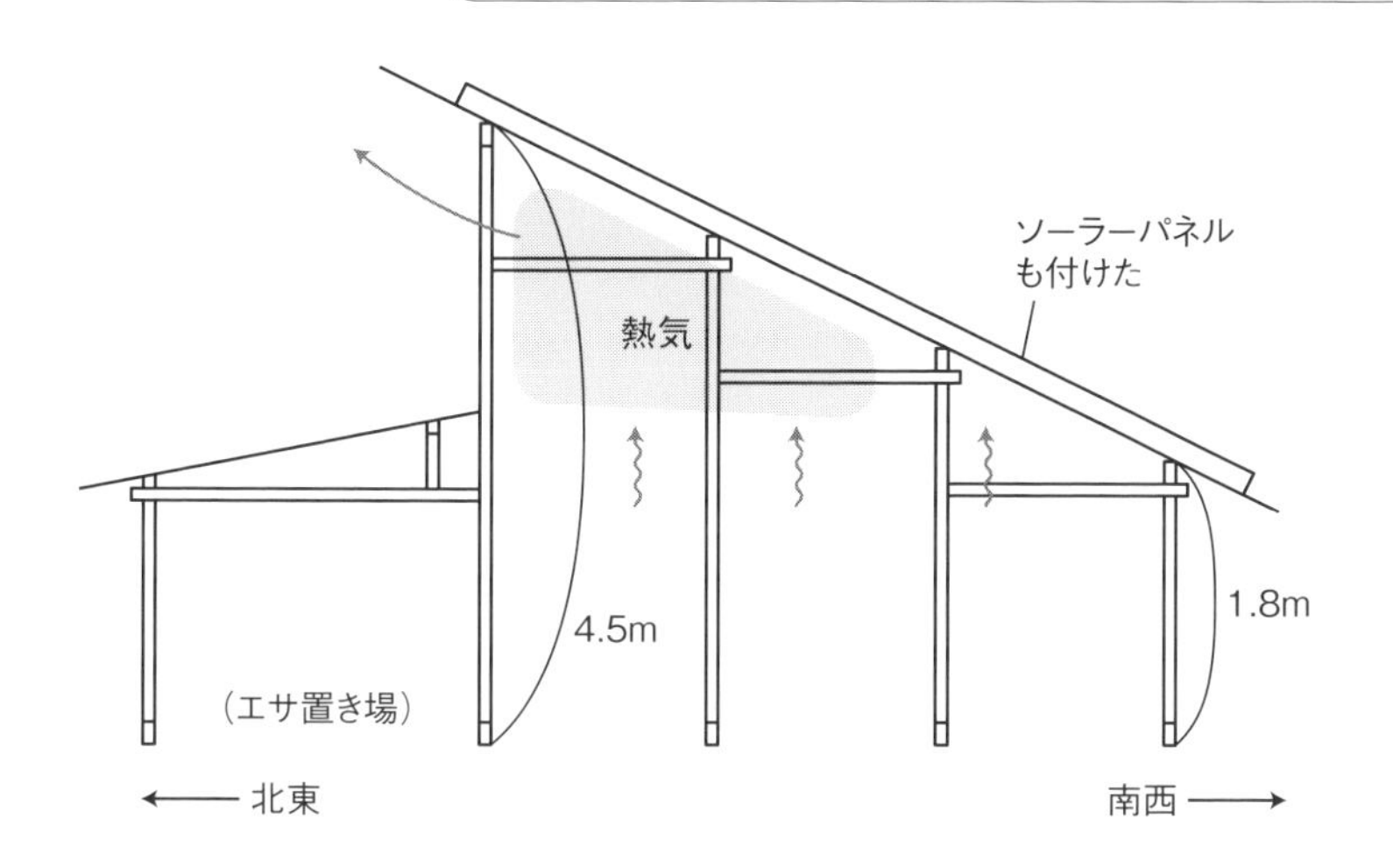

天井が高い分、鶏舎内の熱気が上に逃げやすい。
直射日光が鶏舎の奥まで入らないような向きに建てたこともポイント

屋根板と遮熱シートで2重構造に

大阪府河南町●田中成久さん

田中さんは、ガルバリウム板の下に遮熱シートを入れて屋根を2重構造にしている。その際、板とシートの間に3〜4㎝の隙間をあけて空気の層をつくることがポイントだ。断熱効果が上がる。これで直射熱はかなりカットできる。

「畜舎だけでなく作業小屋も、1枚屋根の上にトタン板などをもう1枚被せるだけでも、だいぶ涼しくなる」

鶏舎の中から見た屋根の様子

屋根の断面図

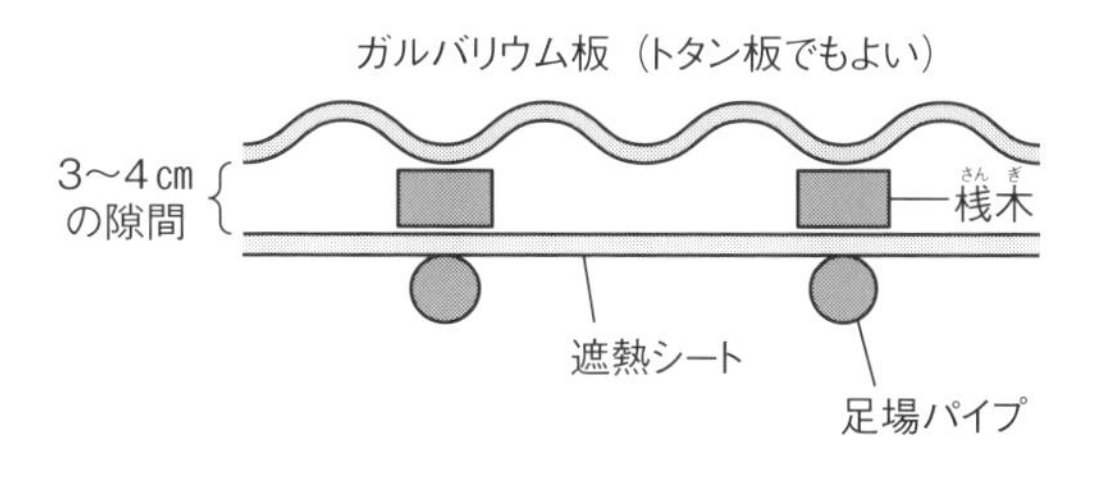

天窓と遮光で ビニールハウス 鶏舎を涼しく

山形県白鷹町●紺野喜一

オスも味がよい「やまがた地鶏」

私は山形県白鷹町で田んぼ4ha、葉タバコ20aを栽培しながら、やまがた地鶏を300羽飼育しています。

山形県では以前、ニワトリといえばブロイラーしかおらず、最初は岩手県の地鶏「南部かしわ」を購入して飼育していました。しかし2005年に県によって、やまがた地鶏が開発され、以来このニワトリを飼育するようになりました。

やまがた地鶏の特徴は、県の遊佐町で昔から飼育されていた「赤笹シャモ」の肉質を受け継ぎ、赤みを帯びた肉色で、うま味とコクに優れ、歯応えがよいことです。また秋田県の比内地鶏などはメスしか出荷しませんが、やまがた地鶏はオスもあまり味が変わらないのが特徴です。

飼育期間はオスで120日、メスで140日です。私は年に2回ほど出荷しています。ヒナは県の指定先から購入し、エサは抗生物質が入っていない購入飼料を使っています。

ニワトリの飼育ハウス。一見、ふつうのビニールハウスと変わらない。地際からサイド換気できるようになっている

遮光幕で日射を遮り、天窓で暑さを逃がす

飼育場所はビニールハウスです。飼

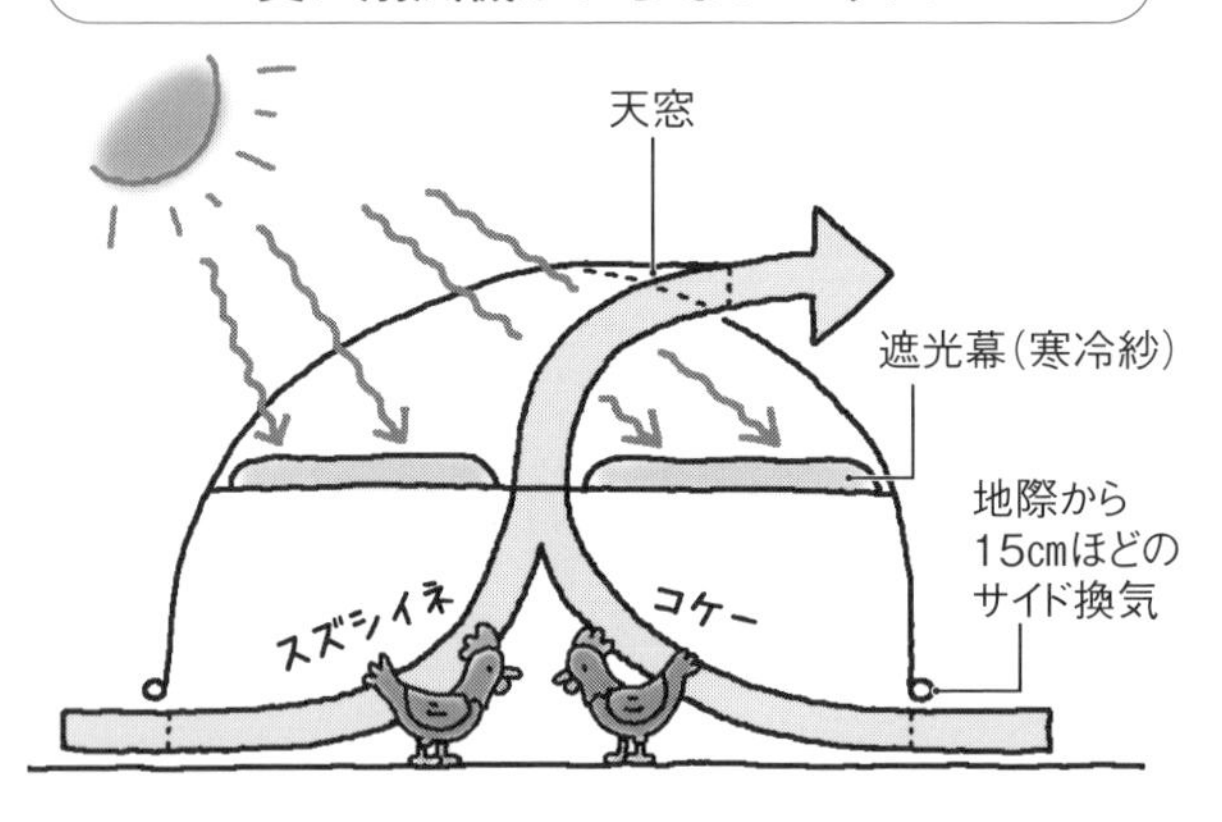

地際でサイド換気し、天窓を開けると、下から上に向かって空気が動くようになる。ニワトリの高さの空気も動くので、夏でも扇風機を使わずにすむ

い方には少し工夫があります。

今から20年ほど前、縁があって韓国自然農業協会の趙漢珪（チョハンギュ）氏と知り合い、1年に1回、5年間韓国に通ってニワトリの飼育方法を学びました。私はそれからニワトリを飼い始めたのですが、趙さんから学んだことを実践するため、ビニールハウスで電気を一切使用しない方法で今も飼い続けています。ビニールハウスで飼うのは鶏舎代、電気代をかけないためです。

ニワトリは寒さには強いのですが、暑さには弱いので、夏の暑さ対策が一番の問題になります。趙さんのやり方は、まずハウスの内部に遮光幕を張ります。そしてハウスの上部に天窓をつけ、サイドを地際から15cmほどを開けるようにします。するとサイドから風が入り込み、熱い空気が天窓に抜け、ハウス内に対流が起きます。これで扇風機などを使わなくても、ニワトリがいる場所も含めてハウス全体が涼しくなります。

ただし気温が33度以上（地際から20〜30cmのニワトリの高さ）になる猛暑日は、ハウスの外側にも遮光幕が必要になってきます。

筆者

やまがた地鶏

エサはばらまきで糞出し不要

エサは地面に直接ばらまいています。そうすることにより、糞と一緒にエサを食べるので、鶏糞がほとんど溜まりません。糞には60%ほど栄養が残っているので効率的であり、ニワトリがついばんだり蹴散らかしたりすることで、鶏糞のニオイもほぼ気にならなくなります。私はここ20年で1回しか鶏糞を取り出していません。手間のかからない方法です。

イネの育苗ハウスでもできる

もしニワトリ（自分の地域の地鶏など）を飼うのであれば、イネの育苗ハウスでも十分可能だと思います。有効活用にもなります。初めは20羽程度から始めてみてはいかがでしょう。隣家に気を使わなければいけないのであれば、鳴き声が小さいメスだけにするといいでしょう。

ただし売り先をきちんと探してから始めるのがいいと思います。また全国どこでも解体する業者がいると思いますので、自分で探してみてください。

ネズミを入れない小屋の工夫

ネズミってどんな生き物？

ニワトリ小屋にはネズミが侵入しやすい。
エサやヒナを狙い、
鳥インフルエンザウイルスの媒介も心配。
ネズミの害を防ぐポイントと農家の工夫を紹介。

●「ネズミ算式」に増える

妊娠期間は約21日。出産は年5～10回で春・秋がピーク。野ネズミは3～6匹、家ネズミは5～10匹ずつ産む。生後わずか約1カ月半で繁殖が可能になる。寿命は2～3年

●集団で生活

数匹～数十匹単位の家族で暮らす。エサが豊富にあればどんどん増えて大所帯になる。縄張りがある

おれたちネズミは種類が多いけど、
家やニワトリ小屋の近くにいるのは
おもにクマネズミ、ドブネズミ、
ハツカネズミだ。
ドブネズミは肉が大好き。
ヒナを狙っちゃうぞ。
クマネズミやハツカネズミは
穀物が好き。エサを横取り
しちゃおっかなー。

●嗅覚、味覚が発達

ニオイで食べ物を探す。目も使うが色は識別できない。辛味や苦味も感知する。味覚忌避剤（咬害防止剤）や、天敵や刺激臭のある嗅覚忌避剤も効果はあるが、短期的

●警戒心＆順応力がある

いつもと違う食べ物や、草刈りや掃除などで環境が変わると警戒。学習能力があり、危険な目にあうと記憶して近づかなくなる。日々の整頓、点検が大事

●暗くて狭い所が好き

身を隠せる草むら、暗い物陰や狭い隙間、地下に巣穴やトンネルを掘って移動する。1㎝でも隙間があればかじりあけて侵入できる。広くて見通しがよい所が苦手

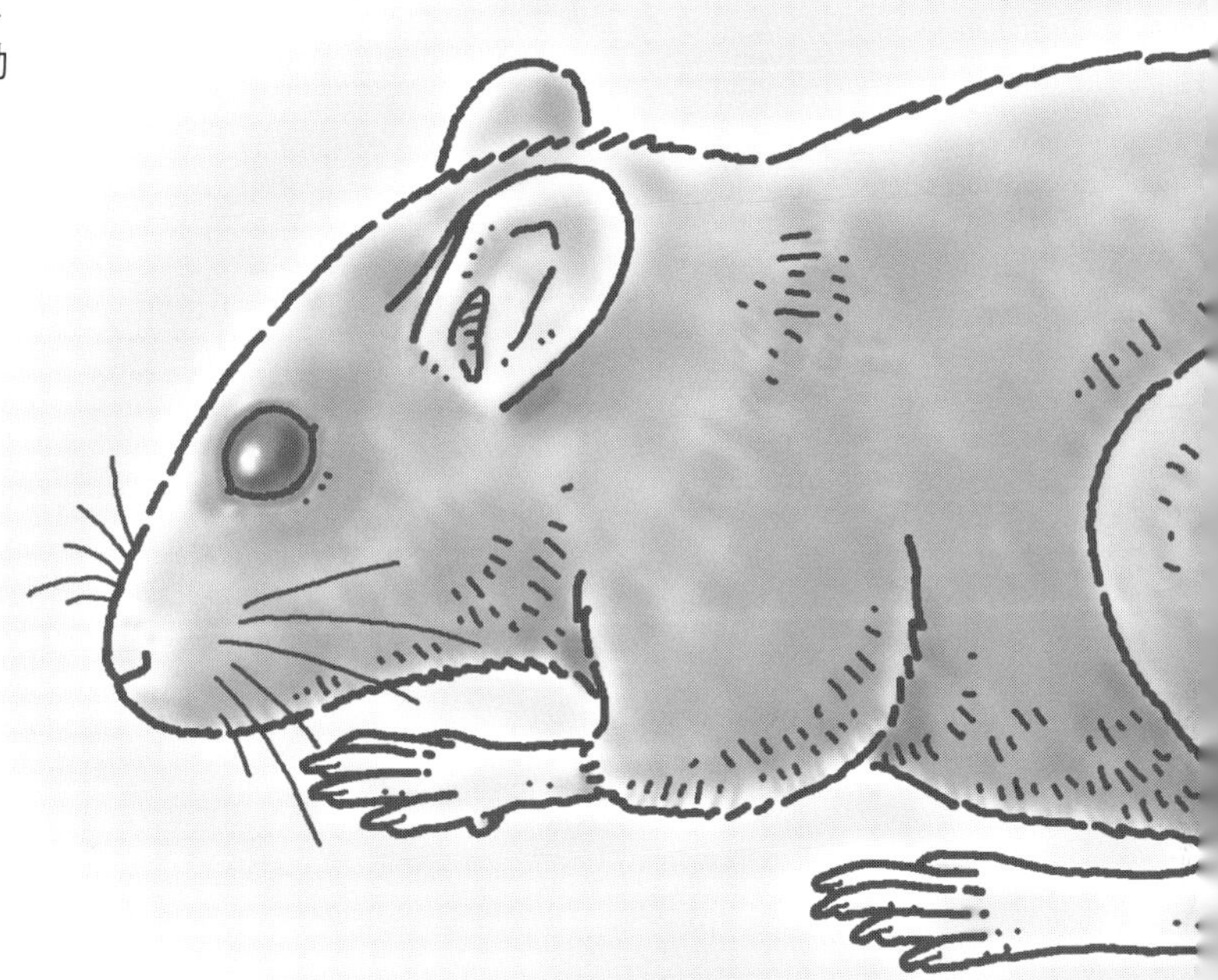

●外とつながるあらゆる隙間から入る

●やっぱりネコが怖い！

常にパトロールしてくれる飼いネコは効果大

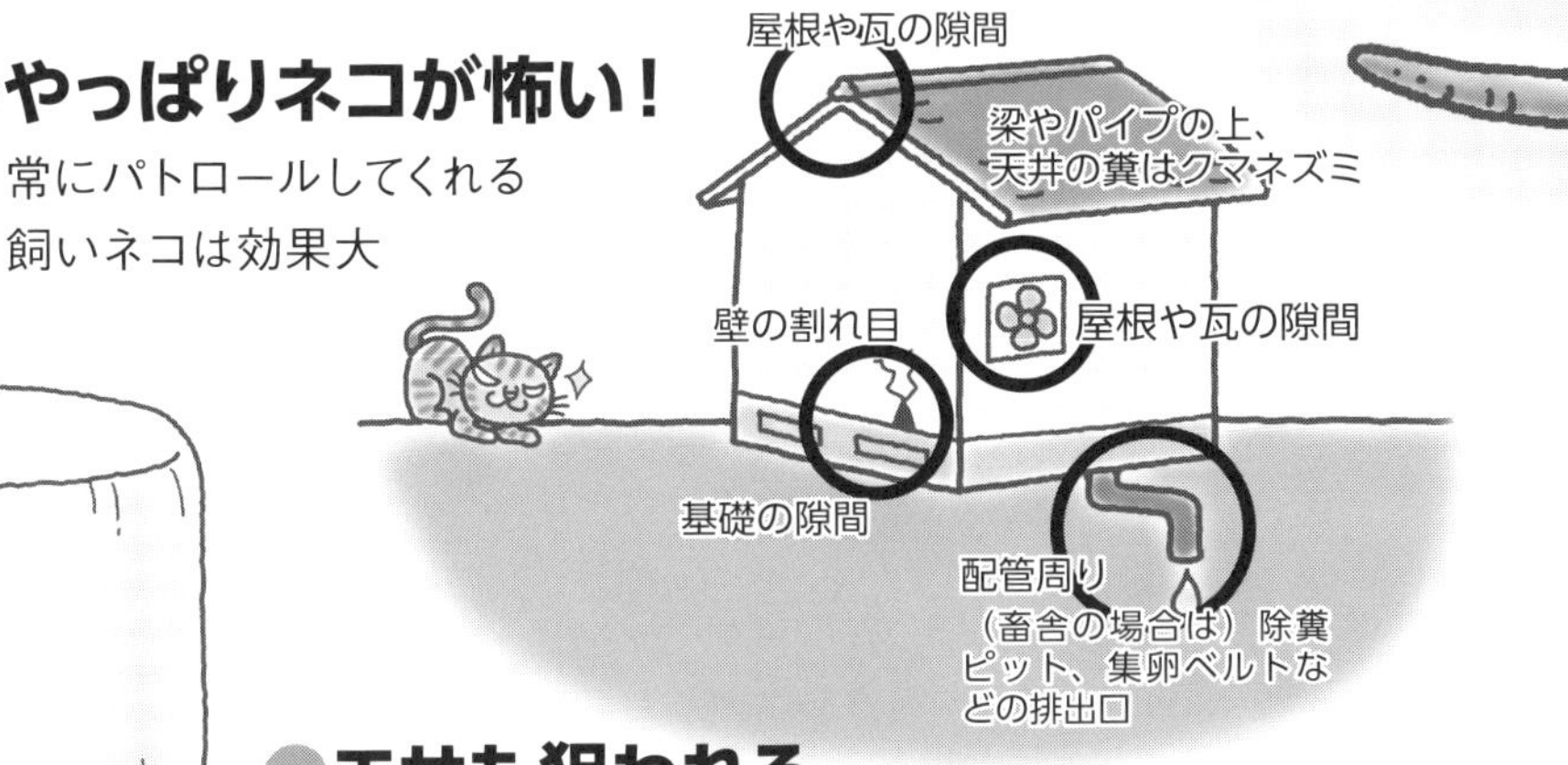

ドブネズミや野ネズミは地下から食害

●エサも狙われる

- ドブネズミ、クマネズミ、ハツカネズミなど
- ドブネズミは穴を掘ったり、泳ぎもうまい
- クマネズミは手足の爪が発達し、穴を掘るより垂直に登るのが得意

日ごろの掃除と見回りが基本
侵入経路を見逃さない

岐阜県●㈱防除研究所　梅木厚生

被害は必ずなくせる

近年、ネズミも畜舎内外へウイルスを媒介しているとの見方が一般的だ。とくに養鶏では鳥インフルエンザウイルスの媒介が恐れられており、ネズミ対策にかなり苦戦している。農家は「いろいろやっているがうまくいかない」「駆除しているのに増える」「やってもムダ」と悩みの種になっている。

その結果、畜舎には「ネズミはいて当たり前」が現状なのだが、ネズミは必ず駆除して建物から追い出さなければならない。

繁殖は春と秋に集中

まずはネズミの生態や繁殖を知ること。人間と同じでネズミにも季節感がある。春の新芽が出るころに、活発に動き出し、夏は通常の3倍近く水を飲む。秋は冬を越すためにたくさん食べ物を食べ、繁殖のため巣づくりをする。冬は外には食べ物がないので建物内などで行動する。繁殖は年中するが、一番の繁殖期は春と秋だ。

侵入経路の定期チェックを

畜舎などの施設に多いのが家ネズミだ。建物内の温度、エサ、水など、ネズミにとっての生活環境が整っている場合は繁殖スピードも速く、一気に増える。ネズミが建物に侵入後、1週間足らずで繁殖したケースもある。毎日でも調査してほしいが、少なくとも2週間に1度は必要だ。

畜舎では構造や周囲の環境によって防除ポイントはそれぞれ違ってくるが、左ページの「おもなチェックポイント」に挙げた箇所を定期的に監視することだ。

鶏舎のエサ樋のエサを食べるクマネズミ

そのとき、糞の有無だけではなく、足跡をしっかり調査し、ネズミの侵入経路や行動を把握すれば、駆除計画が立てられる。とくにホコリの立つ場所は、ネズミの形跡がわかりやすい。通り道にホコリがなくなっていたり、パイプの上や梁などの上部が擦り切れている箇所は、ネズミの通路と判定してもいいだろう。

ネズミ対策は環境管理の基本

駆除の基本は、ネズミの生態などの知識をつけ、施設環境を調査して問題箇所や侵入経路を把握することだ。

さらに、建物内外を徹底的に整理整頓することも大切だ。配置換えだけでも案外効果が出る。広範囲なら、いつ誰がどこを定期的に見回るか、駆除グループをつくって徹底的に行なう。外部からの侵入箇所があれば1cmの隙間まで塞ぎ、侵入経路にトラップや忌避剤、殺鼠剤を設置する。

もっとも有効な管理は業者任せにせず、自己防衛することだ。まずは基本から勉強し、仲間と連携し、自分たちで守るしくみをつくってもらいたい。ネズミ対策は、建物や機器などの管理の基本にも通じるのではないかと思う。

（株）防除研究所　代表取締役

畜舎に多い家ネズミの特徴

種　類	体長・体重	寿命	妊娠期間	出産数	生息箇所	行　動
クマネズミ	18～22㎝ 120～200g	約3年	約21日 年5～6回	約6匹	天井裏・壁等	配線、配管等を垂直に上下する。跳躍力に優れる
ドブネズミ	22～25㎝ 200～400g	約3年	約21日 年5～6回	約8匹	除糞ピット・排水溝・土中等	下水、側溝等を利用した平面的行動が多い。泳ぎも潜水もできる
ハツカネズミ	6～10㎝ 10～20g	約2年	約20日 年6～10回	約6匹	クマネズミに類似。屋外にも多い	跳躍力、遊泳力もかなり優れ、跳びはねるような歩き方をする

よくあるネズミの痕跡

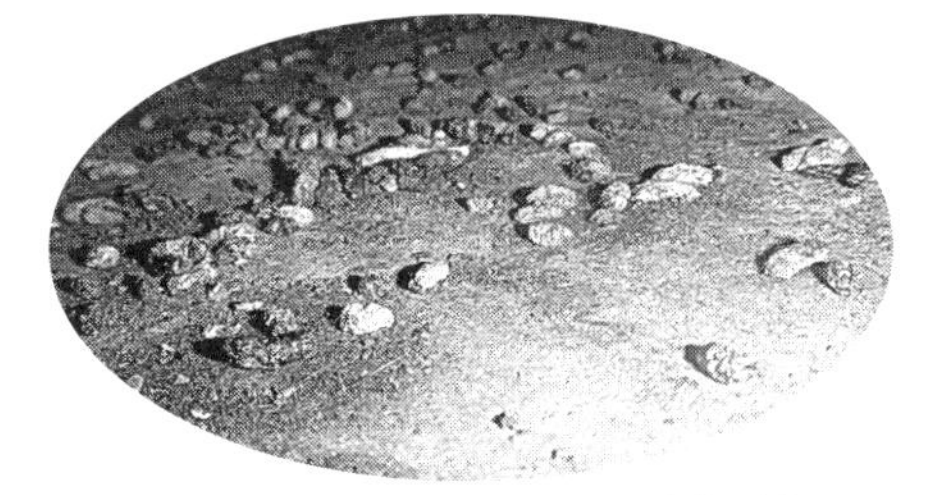
クマネズミの糞。一度除去してから定期監視する

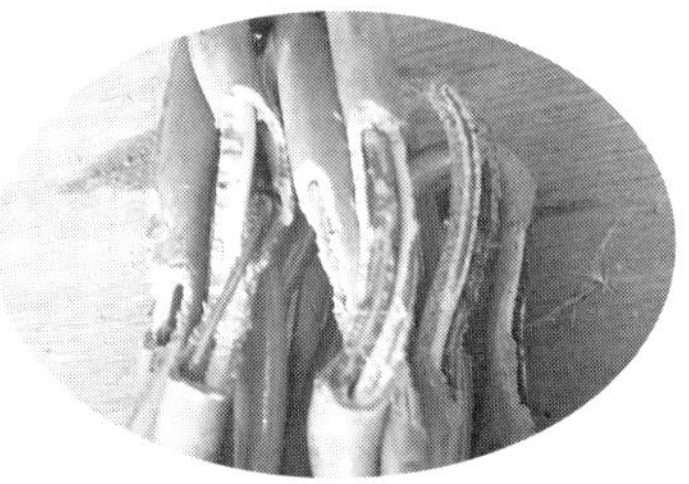
かじられた配線。火事の元になる

おもなチェックポイント

- 外周
- 各部屋の四隅
- エサの周囲
- 配電盤周囲
- 天井裏
- ドアの隙間（外周）

建物ごとに、各所で「かじった跡、足跡、脱糞」の有・無を定期的に点検することが大事。簡易チェック表をつくって記録をとるとよい

かじられた壁。天井や排水系統の1㎝の隙間にも注意

弾性振動波変動装置「スーパーはやぶさ」を開発。天井などに設置。高～低周波をランダムに発射してネズミを慣れさせずに追い出す

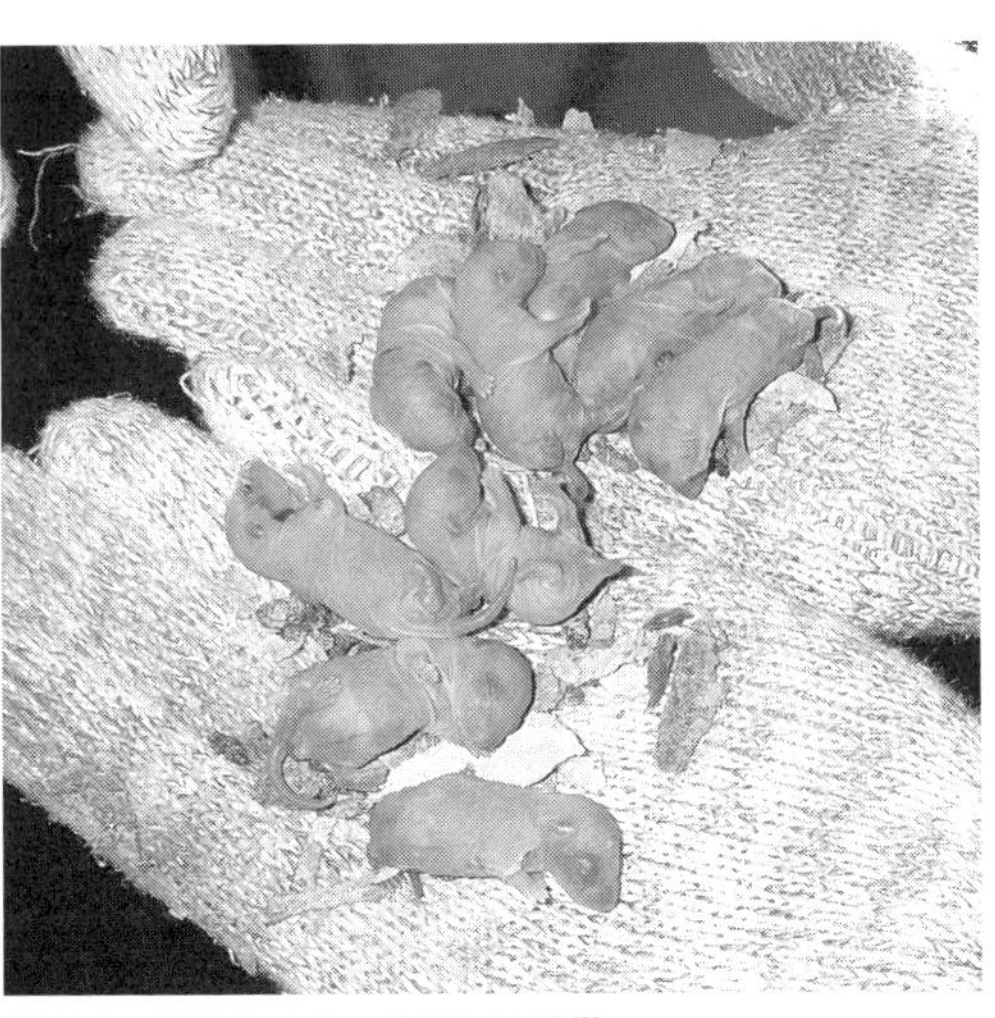
壁の中で繁殖したクマネズミの子供

ネズミの害を防ぐ工夫

ヒナを守る！　床下周りを徹底ガード

栃木県佐野市●関塚 学

床下周りの様子

養鶏を始めた20年ほど前、３部屋続きの鶏舎のうち１部屋はまだ金網を張らずに、イナワラなどを積んでいたら、すっかりネズミの巣になっていました。その後、金網を張ってヒナ部屋にしたところ、ヒナが全滅してしまいました。当時は肉食のネズミがいてヒナを食べるなんて、まったく認識していませんでした。

まず、部屋を片付けてネズミを全部外に追い出しました。鶏舎は柱の下に基礎を設けた造りで、外からネズミが潜って中に入ってしまいがちです。そこで、床下の周りにステンレスの金網を埋め込みました。ネズミ駆除業者に問い合わせたところ、ステンレスの金網なら食い破らないだろうというのでこれを選びました。

小屋の壁面（下１ｍほど）には木の板も張り、隙間はすべて木片などで埋めました。それ以降、ネズミにも野犬や中型の獣にも入られていません。

フレコン周りに粘着シートの砦

兵庫県たつの市●市原真貴子

クズ麦などの穀物はフレコンに入れて倉庫で保管している。その際、直置きせず、パレットに載せ、周辺をぐるりとネズミ用粘着シートで隙間なく囲う。

フレコン周りに並べた粘着シート。エサの仕込み時に床面のシートにホコリが付くが、粘着力が残っている面と入れ替えればまだ使える（写真提供：市原真貴子）

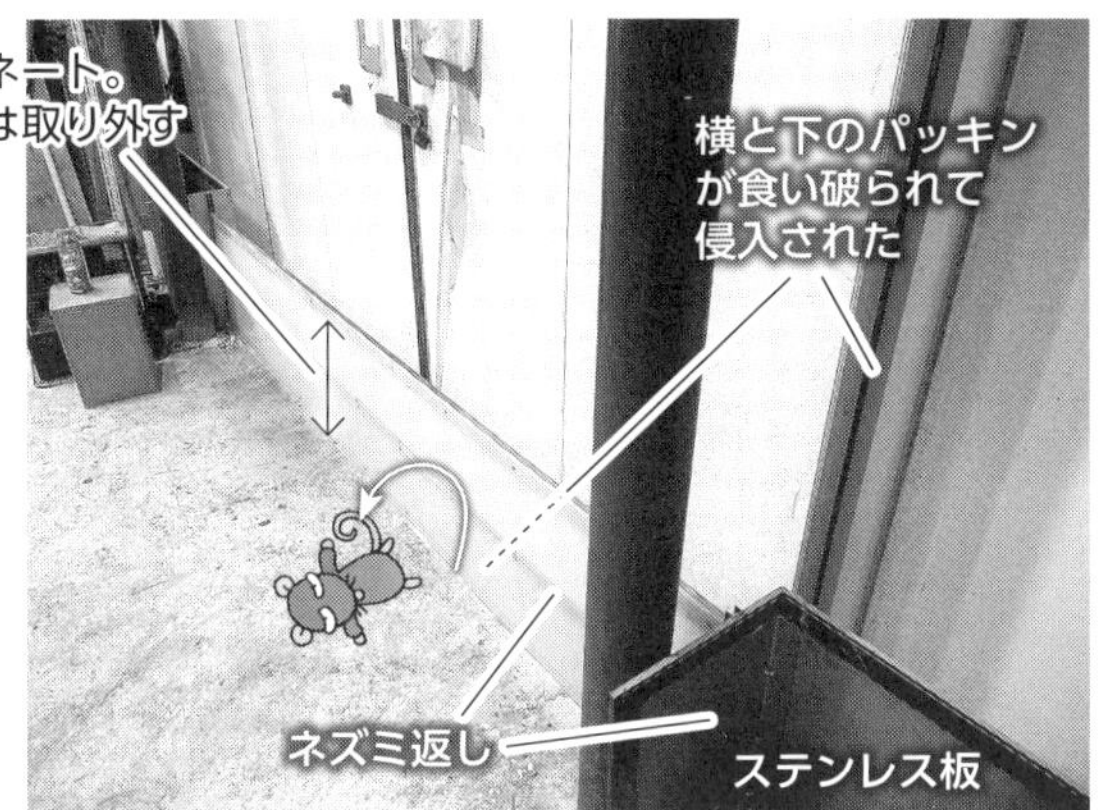

エサの保冷庫の扉周りにネズミ返し

大阪府河南町●田中成久

エコフィードなどを入れる保冷庫を新調して3日でネズミが侵入。扉の隙間のゴムパッキンが食い破られた。そこで高さ30㎝のネズミ返しの壁を設置。扉周りをつるつるしたステンレス板やポリカーボネートで囲えば、ネズミは登れない。

エサ箱近くにワナ エサはオレンジ味のガム

富山県砺波市●水木 護

ネズミはエサ箱のエサも狙いにくる。そこでニワトリの部屋のすぐ外にワナを設置。エサは、オレンジ味の丸いガムが断然いい。外から来たネズミは、エサより先にガムのにおいに引き寄せられる。

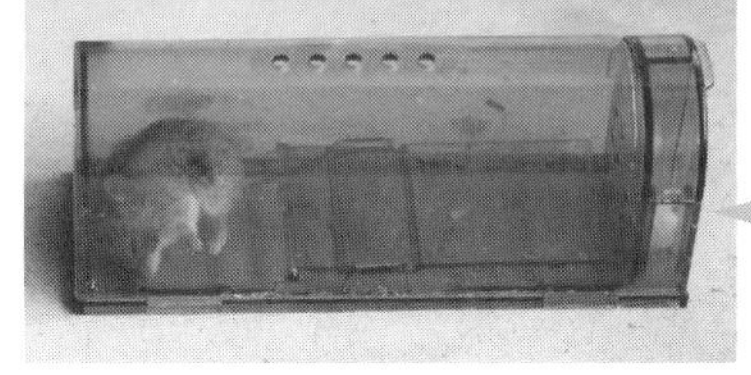

ネットで探して購入したネズミ専用のワナ。半透明なのでかかるとすぐわかる。小型なのでネズミしか入らず、ヘビなどが入ることもない（写真提供：水木 護）

必殺、ネズミ突き

茨城県石岡市●魚住道郎

ネズミは平飼い鶏舎のモミガラなどの発酵床に巣穴をつくる。決まって止まり木の真下、ニワトリが蹴散らかさない糞の固まりの下にある。そこでつくったのが、軽い竹に先端を尖らせた鉄棒を固定した突き棒。これを上からズブリ。親ネズミも子ネズミも退治できる。

掃除がラクな産卵箱

千葉県野田市●西村洋子

　産卵箱は、産卵時にニワトリさんが身を守るために隠れる場でもあるので、生活圏（床）よりも高い場所に設置します。

　わが家の産卵箱は、産卵室と貯卵室に分かれています。ニワトリさんが産卵室で卵を産むと、卵が転がって貯卵室に集まるしくみ。ニワトリが卵を食べたり、抱卵したりするのを防げます。

　産卵室の底にはループカーペットが敷いてあり、卵のクッションの役目をします。毛足がループ（輪）になっていて、汚れがこびりつきにくく、ホウキで払うだけで糞などの汚れが簡単に落ちます。

　産卵箱は上部と下部を簡単に分離できる構造。移動もラクです。

産卵箱については、7、121ページをご覧ください。

貯卵室にはフタがしてあり、卵を採るときだけフタを開ける

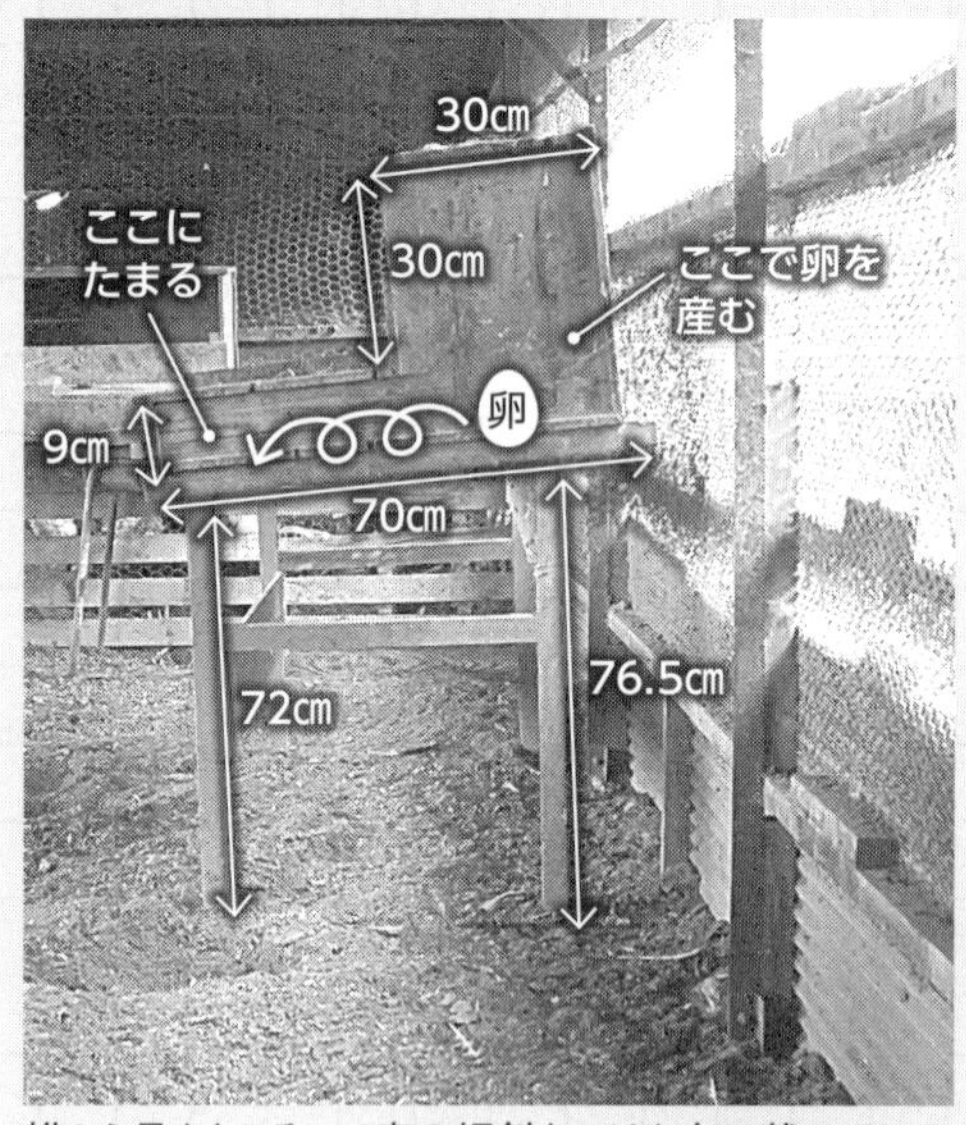

横から見たところ。4度の傾斜をつけた台に載せている

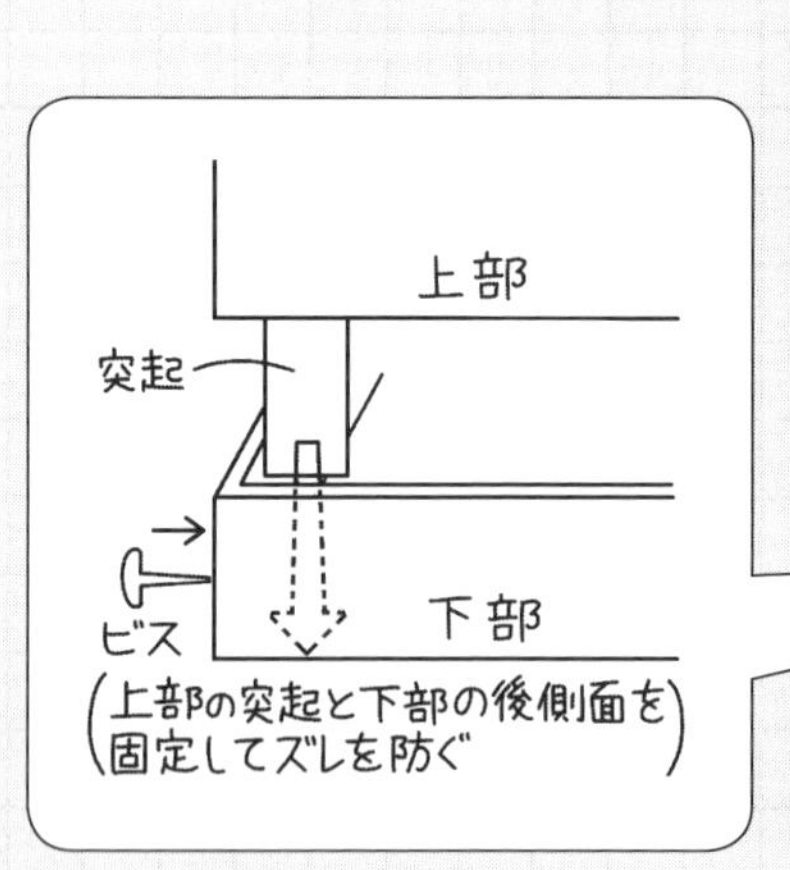

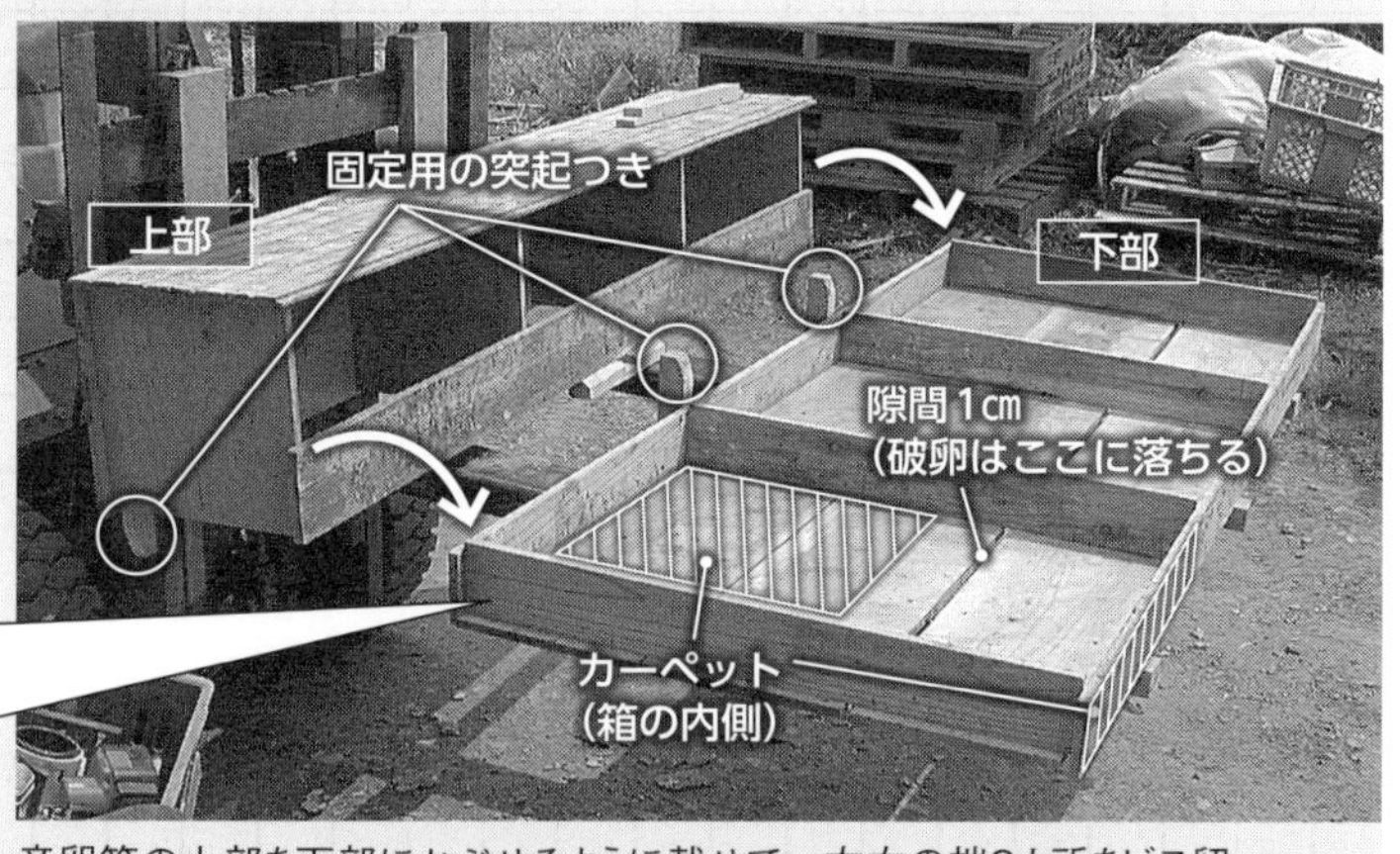

産卵箱の上部を下部にかぶせるように載せて、左右の端2カ所をビス留めすれば簡単に固定できる

ニワトリが元気に育つ
エサの工夫

ニワトリはなんでも食べてくれるありがたい動物ですが、
健康に長生きしてもらうには、栄養のバランスが大切。
エサを自分で配合するときのコツや
農家の工夫を紹介します。

どんなエサをあげたらいい？

まとめ●編集部

市販の配合飼料を使う

カンタン！

配合飼料はJA、ホームセンター、ペットショップ、ネット通販等で入手できる

米は＋10％までOK

玄米、クズ米、古米などの米は、配合飼料の10％くらいの量までなら加えても問題ない。モミ米はもっと割合を減らす

緑餌も好き

野菜クズ、草などの緑餌もニワトリの好物。ビタミンや繊維が補える（依田賢吾撮影）

配合飼料がラクで安心

ニワトリは、本能的に自分に必要な栄養の分だけエサを食べる。だから、必要な栄養をバランスよく含んだエサを、自由に好きなだけ食べさせるのが基本だ。

一番手軽なのは、市販の「配合飼料」を使うこと。ニワトリに必要な栄養がバランスよく配合してあるので、エサ箱に入れて切らさないようにしてあげるだけでいい。

ニワトリ用の配合飼料は、卵を産む大人（成鶏）用、ヒヨコ（幼すう用）用、育成期（育成用前期・後期）用と種類が分かれている。ヒヨコや育成期のときのほうが、タンパク質などが濃いエサが必要なので、時期に合った種類の配合飼料をえらんであげよう。

自家用の米（玄米、古米、クズ米など）や麦などの穀類を加えたいときは、配合飼料の10％程度であれば問題ない。ただし、モミ米はモミガラがついている分栄養価が低いので、10％よりも少なめに混ぜたほうがいい。

ステップアップ

自分でエサを配合（自家配合）

表1　おもなエサの種類

穀類	玄米、モミ米、麦、とうもろこしなど
ヌカ類	米ヌカ、フスマなど
動物性タンパク	魚粉、フェザーミールなど
植物性タンパク	油粕（大豆粕、なたね粕、ごま粕など）
ミネラル（*）	カキガラ、カニガラ、炭酸カルシウムなど
ビタミン、繊維	野菜、草、アルファルファミールなど

*採卵鶏は卵の殻をつくるために、おもにカルシウム分を多く必要とする

表2　自家配合の例（西村洋子さん）

分類	材料と割合（%）
穀類	52.5（大麦・砕米）
ヌカ類	18.5（米ヌカ）
動物タンパク	6.0（魚粉）
植物タンパク	9.2（ごま粕）
無機質（カルシウムなど）	9.6（炭カル・カキガラ）
緑餌その他	4.2（アルファルファミール）

西村さんは、上の自家配合飼料を「標準のエサ」として、成鶏に与える。高い栄養が必要な幼すうや産卵開始前後のニワトリには、標準のエサに魚粉やごま粕を3%加えて給与する（表4）。エサは納豆水を入れて1日発酵させてから給与する

表3　飼養標準に記載されている各期の粗タンパク

導入〜28日	28日〜70日	70日〜産卵開始	産卵開始〜
幼ビナ用飼料（タンパク19%）	中ビナ用飼料（タンパク約16%）	大ビナ用飼料（タンパク13%）	産卵鶏用飼料（タンパク15.5%）

表4　西村さんのエサの調整の例

導入〜3日齢	3日齢〜体重450g	体重450g〜	産卵開始前後3週間	産卵率70%（平均180日）〜
玄米	強化飼料 標準のエサ＋魚粉・ごま粕*（タンパク20%）	標準のエサ（タンパク16〜17%）	強化飼料 標準のエサ＋魚粉・ごま粕（タンパク20%）	標準のエサ（タンパク16〜17%）

*魚粉やごま粕は全体の3%くらいの量を追加

消化のために小石も食べたいな。放し飼いなら自分で見つけられるけど、舎飼いのときは、細かい小石（3〜5㎜）をエサ箱に入れてほしいな

自家配合も難しくない

米や麦、米ヌカなど地元の飼料がたくさん手に入るときは、自分でエサを配合するのもいい（自家配合）。

自家配合には、上の表1のような材料が必要だ。大豆粕・魚粉などのタンパク源、カキガラや炭酸カルシウムなどのミネラル源も欠かせない。これらの材料は、飼料用としてJAやホームセンター、ペットショップ、ネット通販で入手できるが、肥料用の商品でもいい（魚粉は劣化しやすいので、なるべく新鮮なものを選ぶ）。

上の表2は、千葉県野田市の西村洋子さんの自家配合の例（成鶏用）。ヒナの時期や、卵を産み始めた若いニワトリは、タンパク質を多く必要とするので、魚粉を7〜8%加えている。参考にしたい。

野菜クズや草も大好き

ニワトリは、草や野菜などの「緑餌」も大好き。ビタミンや繊維分を補うこともできる。家庭ででた野菜クズや、家や田畑周りの草を、おやつのように小屋の中に入れてあげよう。

自家配合

竹内孝功さんのエサのやり方

写真＝依田賢吾

32ページで登場した竹内さんは、ニワトリのエサを自家配合でつくっている。メインはモミ米（クズ米、古米）と米ヌカ。さらに、飼料用よりも安い肥料用の資材を数種類混ぜる。

竹内さんの成鶏用の自家配合飼料。1～2カ月分をあらかじめ混ぜて、漬け物樽に入れておく

エサの材料（○は配合割合（%））

魚粉 ⑤

国産のカツオを原料とした肥料用の魚粉を取り寄せる

昆布粉 ②

肥料用の昆布だし粕。ミネラル、ビタミン、アミノ酸が豊富

カキガラ ⑧

粗粒サンライム（肥料用）を使用。塩水を除いたもの

カニガラ ⑤

国産の肥料用を使用

モミ米（クズ米） (60)

モミがついた状態で与えることで、砂肝が発達する

米ヌカ (15)

油粕 ⑤

遺伝子組み換えではない原材料を選んでいる（肥料用）

エサの割合は季節によって上下する

ヒヨコには小鳥のエサ＋玄米、米ヌカ

「皮つき」の小鳥のエサに、同量の玄米、米ヌカを混ぜる。小鳥用は小さい粒の雑穀が入っているのでヒヨコでも食べやすい

生ゴミを毎日鶏小屋に持っていくと、食べたいものはニワトリが食べ、そうでないものは、土とかき混ぜ、発酵処理してくれる。コーヒーフィルターも分解される

弱いニワトリでも安心して食べられるように、エサ箱は3カ所設置。毎朝1回、その日に食べきれる量のエサを入れる

エサは地元産100%! 循環型の平飼い養鶏

広島県北広島町●岩崎奈穂

酒粕やホウレンソウを食べるニワトリ。日持ちしない原料を大量にもらったときはそのまま与えることも

輸入に頼らず 循環型農業をやりたい

ふぁーむｂｕｆｆｏ（ブッフォ）の岩崎と申します。広島といっても温暖な瀬戸内側ではなく、冬にたくさん雪が降る中国山脈のまっただ中の北広島町で、小規模平飼い養鶏をしています。飼育しているニワトリは採卵鶏（岡崎おうはん）約５５０羽と地鶏約１００羽、それと田んぼが20ａと畑が少しあります。卵や肉の販売先は個人や地元レストランです。

大学生のときに実習に行った酪農家で、配合飼料の高騰などで苦労されている話を聞きました。資源が豊かに思える北海道でさえも、牛のエサを輸入に頼っていると知り、畜産に対する疑問や問題を感じました。

そんなとき、ある北海道の酪農家が大規模化の流れの中で、頭数を減らし、放牧主体に切り替えた話を聞き、そこでも実習をさせていただくことができました。そこは自給できる牧草だけで飼育できる数の牛を飼い、出た牛糞は堆肥化し、草地に還元し、また牧草を育て、それで牛を育てる……という酪農をしていました。この輸入飼料に頼らない、循環型の農業をやってみたいと思ったのが、就農のきっかけでした。

少し大きな話をしますが、本来畜産とは、人間が穀物などの食べ物をつくる過程で出てきた、食べられない物（未利用資源）を家畜に与えることで、肉や卵、乳、毛皮を生産してもらう。その過程で出た糞を肥料に、また食べ物をつくるというものだったのではないかと思います。

このような形の畜産を目指し、私が農業を始めたのは１９９９年。海外からわざわざエネルギーを使って運んでくる輸入とうもろこしなどは使いません。地元で手に入る未利用資源だけで飼育する養鶏と、その鶏糞でお米や野菜をつくる循環型スタイルです。

すべての材料を混ぜたエサ。攪拌機で毎日つくる

エサの主な材料と比率

（　）内は比率

- □ **米ヌカ、おから、ビール粕（6）**
  とうもろこしの代わり。比較的脂質が多い
- □ **クズ米、クズ麦、白ヌカなど（4）**
  とうもろこしの代わり。比較的脂質が少ない
- □ **魚粉（0.6）**
  動物性タンパク質として与える。近所の資材店で購入
- □ **カキガラ（0.3）**
  カルシウムとして与える。近所の資材店で購入
- □ **クズ大豆、醤油粕（0.1）**
  大豆粕の代わり。醤油粕の塩分がミネラル補給にもなる

それぞれの項目内で材料は代替可能。時期や在庫によって変えている。

地元には材料がいっぱい

具体的にうちでエサに使っている、地元の未利用資源を挙げてみます。

稲作地帯ですので、一番手に入るのがクズ米や米ヌカ、そして転作でつくる麦や大豆のクズ。次に、お酒を仕込むときに出る白ヌカや酒粕。これらがメインの材料です。

このほか醤油屋さんから醤油粕、地ビール屋さんからビール粕、ワイナリーからワイン粕、お豆腐屋さんからおから、飲食店さんからは魚のアラ、魚の加工場からはちりめんじゃこのクズ。オリーブの搾り粕、リンゴジュースの搾り粕、はったい粉のクズ、地元の農家から出る野菜クズなどもあります。年中通して出るものから、その時期だけに出るものまで、さまざまなものを組み合わせてエサをつくっています。

米や麦、大豆のクズなどは収穫が終わった時期に1年分をまとめて引き取ります。同じく酒蔵から出る白ヌカなども冬にだけ1年分が出るのでその時期に集中して取りに行きます。これらはストックする必要があるので、置いておく倉庫が必須となります。

逆に年中出るのが米ヌカやビール粕、おからなどです。ビール粕やおからなど、水分が多いものは傷みやすいのが問題。私は倍量の米ヌカと混ぜて、握っても固まらないサラサラな状態にしてから置いておきます。週に1度回収に行くので長くても保存は1週間。これを毎日使う分だけ、他の材料と混ぜてニワトリに与えています。だいたい2～3日で使い切ります。

地域ならではのものが実現

材料自体は無料でもらうか、安価で譲ってもらうのですが、取りに行く時間と保管場所が必要です。未利用資源は家畜のために生産されたものではなく、あくまでも副産物なので量も安定しません。今年手に入ったものが来年確実にまた手に入るとも限りません。

また、市販の配合飼料を与えた場合と比べれば、増体率は下がります。とくにヒヨコのときの成長は通常の1・5倍ほどかかっていると思います。

それでも、こうした地域と風土の特徴を持った材料でエサをつくり、それを食べて育ったニワトリから生産される卵や肉は、確実に地域ならではのも

近所でもらったスイカとクズ米。エサの材料は卵の配達先からいただくことも多い

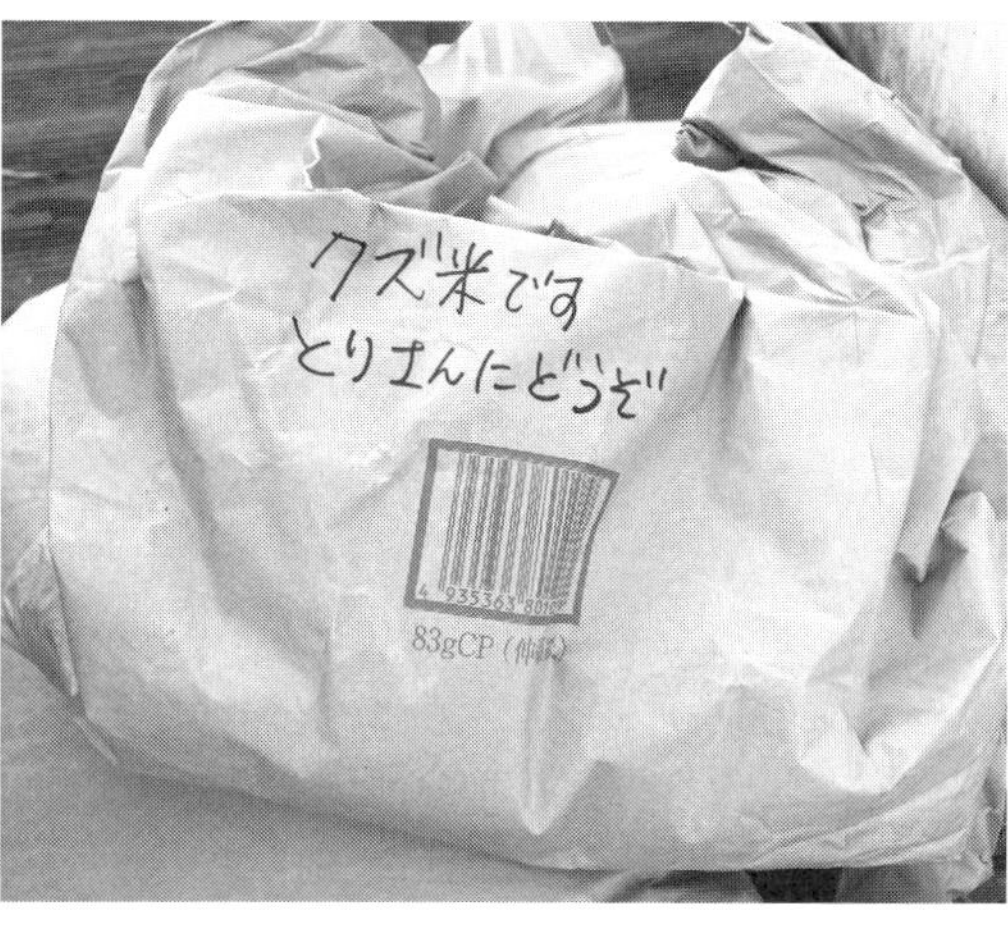

のになっています。平飼い鶏舎でニワトリが混ぜてできた発酵鶏糞は、田んぼや畑で使用したり、地元の農家や家庭菜園を楽しまれる方にお分けしたりして、そこで出る野菜クズなどをまたエサにいただいています。

当初は自分の農場内で循環する農業をイメージしていましたが、現在は地域循環の形になってきました。近所の方からも「こんなものが出るけど、エサに使えないか」と声をかけていただけるようになり大変ありがたいです。

配合を工夫するのがおもしろい

いろんな材料を使うことはニワトリの健康や栄養のためにも大事ですが、同時にそのものが手に入らなくなった時の代替品を入手できるようにしておくということでもあります。

地域によって手に入りやすいものは全然違います。季節や情勢によっても、入手できるものやその量は変わってきます。実際コロナの渦中では、売り上げの落ちた地ビールのビール粕が減ったため、たまたま多めに手に入ったクズ麦で代用。日本酒の酒蔵も生産量が落ちたため、減った分の白ヌカはクズ米で代用しました。

また、羽の艶やエサの残し具合を見て、食べやすいように水分を多めに調整したり、材料を変えたりもします。このように、組み合わせを試行錯誤していくのもおもしろいものです。

地域の未利用資源を利用することは、地域の魅力を再発見することにもつながると思います。私も養鶏を始めたときは、ここまでエサにいろいろなものは使っていませんでしたし、手にも入りませんでした。周りを見渡しながら、ここでは何がつくられて、何が副産物として生まれるかを知りながら集めていきました。

まずは地域に何があるのか、ぜひキョロキョロ見回してみてください。

ちりめんじゃこのクズ。最近は魚粉の値段が上がっていることもあり、代わりによく利用する

2種類の発酵飼料で病気知らずのニワトリに

神奈川県小田原市●笹村 出（いずる）

多様な発酵の中でニワトリを飼う

「掃き溜めに鶴」というけれど、掃き溜めはまさにニワトリの天下です。ミミズやゴキブリのような、腐敗からわいてでた虫は大好物。糞入り泥水はうまそうに飲む。腐った魚は血を出して争う。まったく不衛生きわまりない。なぜあんなに汚いものを食べても下痢一つしないのか。

ニワトリは病原菌を大いに食べる。またそれに匹敵する有効な微生物もふんだんに食べる。それこそがニワトリが生き残ってきた、食性の姿に違いない。

養鶏をするということは、どこまで多様な発酵にニワトリを関わらせるかだろう。そこで私は2種類の発酵飼料をつくり、ニワトリに与えるようになりました。

一つが、おからを主体にした乳酸発酵飼料（嫌気性発酵飼料）。もう一つが米ヌカの好気発酵飼料です。

発酵飼料① 乳酸発酵飼料

おからは発酵させれば長持ちする

私はニワトリのエサとして、おからをはじめ水分の多い粕類を乳酸発酵飼料（サイレージ）にして利用しています。

サイレージ化は牛では一般的です。サイロなどに詰めた牧草が乳酸菌を中心とする嫌気性菌により発酵し、乳酸などの有機酸が増え、pHが下がり、腐敗の原因となるカビが抑えられ、長期保存できるのです。

これと同じ原理で食品廃棄物の粕類も発酵・保存できます。粕類は細かいので材料を均一に詰めやすく、サイレージに向いています。

筆者と完成した乳酸発酵飼料。飼養するニワトリに毎日与える

乳酸発酵飼料のつくり方（おからの場合）

❶米ヌカで水分調整　糖蜜で糖を追加

- 容器は酸素と光を入れなければ何でもいい。光を通すプラスチックは使わないこと
- フスマやソバヌカでも水分調整できる。お茶がらなら同量以上の米ヌカを加える。握って崩れるくらいとよく言われるが、あまり厳密でなくていい。心配なら糖蜜を多めに加える
- おからが少ないときは米ヌカを増量剤としておからの30%程度まで加えてもかまわない

水分60%から80%くらいに調整。最近の機械で搾るおからは70%前後の水分量だから、微生物源としてわずかに米ヌカを混ぜる程度でいい。糖蜜はドラム缶1杯（200ℓ）のおから・米ヌカに対して1ℓ程度

❷ドラム缶などに詰め、空気を抜く

飼料袋を敷いた上からしっかりと踏む

少し入れては踏みつける作業を繰り返す。空気が入らないよう、必ず材料で容器を満杯にする。最上部は米ヌカで覆い、フタの上に乗って重さをかけながら押し込んできっちりと密閉

❸完成

夏は1カ月後、冬なら2カ月後に完成。出来上がりは香りと味見で確認。乳酸菌の種類で香りは異なる。赤ん坊のような乳くさいものもあれば、ヌカ漬けのような場合もあるが、どちらでも問題ない。自分が食べられればいい。発酵が成功した容器は洗わず再び使う（容器に残った乳酸菌を取り入れるため）。

材料は年間通じて安定的に手に入るおからが中心。地元の豆腐屋さんから入手できます。果物や野菜のジュース搾り粕、お茶がらなども使ってきました。ジュース搾り粕は糖分があるためかとてもいいサイレージになります。乳酸菌が多く、ニワトリへの下痢抑制効果も高いと感じます。

乳酸発酵飼料づくりは難しくありません。失敗があるとすれば、腐りかかった材料を詰めた場合です。水分の多い有機物は腐敗しやすいものです。材料は新鮮であることが求められます。おからは温かいうちに使います。

米ヌカがあれば発酵菌資材はいらない

乳酸発酵飼料づくりでは、発酵過程を成功させるために、(1)水分量の調整、(2)微生物のエサになる糖分が必要です。水分調整にはおもに米ヌカ、糖分には糖蜜を私は使います。

容器はドラム缶がちょうどいい

1000羽ぐらいまでの養鶏なら容器はドラム缶がいいでしょう。上部から毎日10㎝以上利用していけば、使いきるまでに飼料が腐敗することもありません。

ドラム缶はフタがバンドで閉じられるタイプがよいです。フタの部分にゴムのパッキングがあり、バンドで完全密封できます。ステンレス製なら錆びにくいですが、それ以外でも20年以上は使えます。

腹の中が乳酸菌で充満、病原菌が増殖しない

私は一切の薬剤を使わない代わりに、乳酸発酵飼料を健康食品のつもりで食べさせます。

乳酸発酵飼料を毎日食べさせると腹の中が乳酸菌で充満し、サルモネラ菌やコクシジウムが増殖できない。病気になりにくい体質に変わります。

糞のニオイも減ります。暑い夏でも下痢をしません（一般に養鶏場のニワトリは下痢気味なもので、養鶏場がくさいのはそのためが大きい）。配合飼料を与えている人でも、乳酸発酵飼料を加えてやればニワトリの健康は見違えるようになるに違いありません。

卵も生命力が増します。70日保存して孵化し、孵化率も高いのが自慢です。

乳酸発酵飼料を毎日食べて元気に走り回るニワトリたち

発酵飼料② 好気発酵飼料

米ヌカを主体になんでも発酵でエサにできる

もう一つは、米ヌカに魚アラやせん定チップ、おから、クズ米などさまざまな材料を加え、空気を入れながら発酵させる好気発酵飼料です。

これは、燃料を使わずに地元の廃棄物をエサに変えられる技術といえます。

米ヌカは、水を適度に混ぜれば必ず

熱が出ます。この熱を利用して、魚のアラを煮るように発酵させます。米ヌカは発酵させるとニワトリも好んでよ食べるようになります。

◆**道具**

量が多い場合はモルタルミキサー（750W）や撹拌機が便利です。自家用なら、コンクリートを練る縁で平らなプラスチックの箱でやってもいいでしょう。

◆**初めてつくるとき**

まず米ヌカだけをプラスチックの容器に入れ、水を加えて発熱、発酵させます。15kgくらいの米ヌカに、水6ℓくらいが目安。腐葉土を入れると発酵が安定します。水と米ヌカをよく混ぜたら、毛布をかけて保温します。米ヌカが発熱したら、他の材料を入れて撹拌・発酵させます。

◆**2回目以降**

前回の飼料を一部残して、その熱で発酵させます。

◆**材料**

300羽の1週間分の米ヌカ発酵飼料の材料は、米ヌカを105kg、魚アラを80kg、カキガラを7kg、せん定チップを70ℓ、カニガラ2kg、海草粉1kg、アンズ炭2kg、余ったおから20kg、クズ米90kg、カカオ粕30kg、合計347kgです。

あとは増量材のつもりで、もらった材料をなんでも加えます。そばクズ、さつまいもクズ、生ゴミなど。フスマは米ヌカと同様に扱います。

腐葉土を加えると発酵がよくなります。通常は10ℓほど、発酵のようすがおかしい（ニオイが悪いなど）ときは70～80ℓほど入れます。

◆**つくり方**

全部の材料をミキサー（少量の場合はスコップ等）でよく混ぜ合わせ、ミキサーの上から布をかぶせて保温します。そして毎朝2～3分ミキサーを回して発酵をすすめます。冬場の熱の維持は少し経験が必要です。お湯を使ったり、湯たんぽを入れたり工夫します。

7日目が食べどきです。この量で、350羽の3日分になります。

食べさせ始めたら、毎朝、米ヌカ1袋と水0～10ℓを足します。その際、混ぜものは初めの仕込量の3分の1の量を加えます。また、月1回、腐葉土を入れて活性化させます。

魚のアラは、週に2回、魚屋さんからバケツ1杯もらってきます。魚アラでも煮て与えるのと、発酵させるのでは、生臭さが違ってきます。発酵させることでにおいが浄化されていきます。

炭・貝でミネラルの補給

炭・貝を加えるのは、豊富なミネラルこそ多様な微生物の発酵に大切だと考えるからです。また、発酵をとおして炭・貝を与えたほうが、ミネラル分の吸収もよくなるからです。たとえばアサリは1週間でモロモロになります。これを食べれば卵殻が丈夫になります。

以上の2つの発酵飼料に必ず組み合わせたいのが緑餌（野菜や草）です。緑餌は微生物の宝庫です。毎日1羽100gを目標に、あればあるだけ与えるべきです。刈ってきて、そのまま小屋に放り込みます。食べ残しがよい床材料になりますから、少しもムダになりません。

※笹村さんのエサのやり方や飼育方法について、詳しくは『発酵利用の自然養鶏』（笹村出著、農文協刊）をご覧ください（オンデマンド版を各種通販サイトにて購入可能です）。

どうやって決まる？ 卵の黄身の色

卵を割ってみると、黄身の色がオレンジ色だったり、黄色だったりとさまざまだ。卵の色はどうやって決まるのだろう？

まとめ●編集部

どんな成分が色を濃くするの？

ニワトリは、自分の体内で色素をつくることができない。だから、黄身の色はエサによって決まる。

黄身の色を濃くする成分は、カロテノイドのひとつ「キサントフィル」という色素だ。カロテノイドといえばβカロテンが有名だが、じつはβカロテンそのものは、黄身の色に影響を与えない。トマトの赤色の成分「リコピン」も影響しない。

キサントフィルにはたくさんの種類があるが、大きく黄色系と赤色系に分けられる（左ページの図）。市販の配合飼料には、黄色系キサントフィルを含むとうもろこしがたくさん入っているので、黄身の色は黄色になる。

米にはキサントフィルが含まれていないので、とうもろこしの代わりに米をエサに使うと、黄身の色は白っぽくなる。

緑餌（草や野菜）をたくさんニワトリに与えると、緑餌に含まれるキサントフィルの影響で、黄身の色はほんのり黄色く色づく。

スーパーで買った普通の卵　飼料米を食べた卵

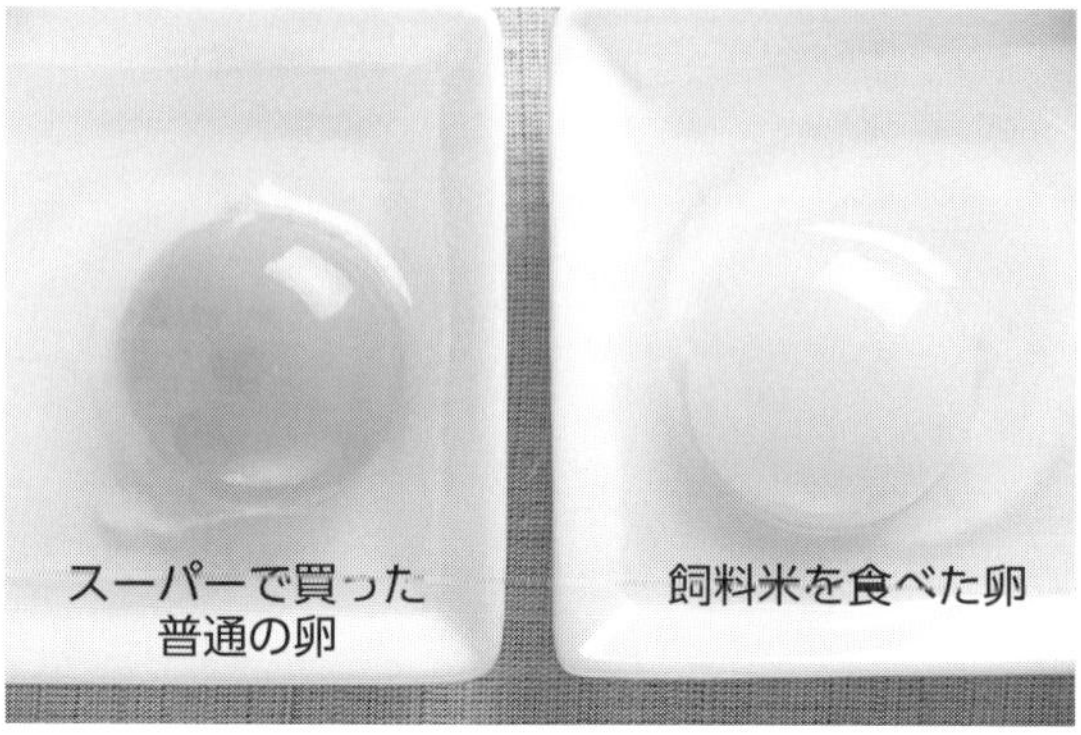

右が、とうもろこしを使わず米を主体に食べさせた卵

養鶏場によっては、配合飼料に天然の色素を少量添加して、食欲をそそるオレンジ色の黄身にしているところもある。マリーゴールド色素やパプリカ粉末、赤色酵母などが使われている。黄色系と赤色系を組み合わせることで、鮮やかなオレンジ色になるそうだ。

ちなみに、エサを替えてから、卵の色に影響するまでは、約10日かかる。

色が濃いほうがおいしいの？

なんとなく、黄身の色が濃いほうが味や栄養も濃いイメージがあるけれど、じつは、色が濃くても薄くても、栄養価はほとんど変わらない。卵の味は、色素ではなく飼料の材料によってさまざまに影響される。中でもタンパク質の量が多くなると、コクのある味になりやすい（ただし魚粉が多すぎると生臭くなる）。

パプリカ、酵母粉末で「オレンジ色」

福岡県糸島市●早瀬憲太郎

私のつくる自然卵「つまんでご卵」は、飼料に赤色の色素原料であるパプリカ粉末、パプリカ抽出物質、ファフィア酵母乾燥粉末を加え、オレンジ色の黄身を実現している。

とうもろこし主体のエサを食べたニワトリは、とうもろこし由来の黄色い黄身の卵を産む。それに加えて、赤色の色素原料を使うことにより、黄色に赤が足され、輝くオレンジ色になるというわけだ。

オレンジ色の黄身の卵は、実際よく売れる。殻を割った瞬間、ワーッと歓声が上がる。このような反応の後に食べれば、おいしさも増すことだろう。

やはり、オレンジ色というやつは、いかにも濃厚に見える「おいしそうな食べものの色」なのではないのだろうか？　われわれが濃い色を好むのは、サルの昔から本能的に刷り込まれているからではないだろうか？　同色系統の場合、より濃いほうが、果物などがよく熟れていて安全（渋が抜けている）という指標になっているのではないのか？

筆者ら「緑の農園」が生産する「つまんでご卵」

小麦と牧草で「レモンイエロー」

北海道稚内市●新田みゆき

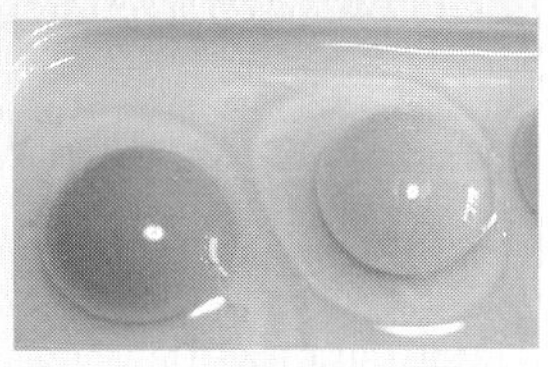
左が市販の卵。右が筆者の農場「ファーム・レラ」の卵

娘が生後6カ月のとき、アレルギー検査を受けた結果、娘の血液中のアレルギー抗体は牛乳・卵・大豆のみではなく、とうもろこしにも高い数字が出ました。何より驚いたのは、そのとき娘が口にしていたのは母乳が主だったことです。

そこで「とうもろこしを食べていないニワトリの卵だったら、どうなのだろう？」と思い、夫とともに廃鶏10羽を庭先の小さな鶏小屋で飼い始めることに。

エサにとうもろこしは与えず、クズ米や道産小麦の等外品を与えました。そのニワトリたちが産んだ卵をゆで卵にして、娘に一口食べさせてみたところ……、アレルギー反応は出ませんでした。うちの娘は卵そのものではなく、エサとして与えられていたとうもろこしに反応していたようです。

その後私たちは、平飼い養鶏家に。エサは道産小麦の等外品や米ヌカが主体です。うちのニワトリたちが産む卵の黄身の色は、レモンイエロー。淡く色づいているのは緑餌によるものです。クローバーやオーチャード・チモシーなどの青草を1日当たり3kgほど刈って与えます。

卵黄の色を濃くするおもな成分

黄色系キサントフィル（黄味を濃くする）
- ルテイン（草、葉物野菜、かぼちゃ、マリーゴールドの花など）
- ゼアキサンチン（とうもろこし、パプリカ、緑黄色野菜）

赤色系キサントフィル（赤味を濃くする）
- カプサンチン（赤パプリカ、赤唐辛子など）
- アスタキサンチン（エビ、カニ、サケ、マス、オキアミ、赤色酵母など）

※黄色系、赤色系の色素を組み合わせると、オレンジ色の濃い卵黄色になる
※他に海苔粉、みかんなどもキサントフィルが豊富
※複数のキサントフィルを持つ素材も多い（パプリカなど）

βカロテンでは黄身の色は濃くならないんだって

緑餌って何？ どれくらいやればいい？

まとめ●編集部

緑餌って何がいいの？

「緑餌」とは、草や野菜、果物などの生の植物のエサのこと。ビタミンやミネラル、繊維質が豊富で、ニワトリの健康維持に役立つといわれている。

51ページの岩崎奈穂さんは、とれすぎた野菜を丸ごと鶏舎の床にばらまく。「かぼちゃやだいこんを丸ごと放り込むというと、多くの人がびっくりされます。丸ごとやってもちゃんと食べます。緑餌は、ニワトリ本来のつつく、ついばむという行動を満足させる役割もあると思います」。

市販の配合飼料には、ニワトリに必要なビタミンやミネラルがあらかじめ入っていることが多いが、自分でエサを配合して与える場合は、それらが不足しがち。緑餌も組み合わせてビタミンミネラルを補うとよさそうだ。

どれくらいやればいい？

緑餌の量は養鶏農家によってさまざま。これといった決まりはない。ただ、大量に与えすぎると、メインの穀物などのエサを食べる量が減ってしまい、産卵が少なくなったり、やせてきたりしてしまう。「おやつ」のような位置づけと考えるのがよさそう。

いつからあげるのがいい？

ニワトリは緑餌が大好き……というが、じつは大人になってからいきなりやっても、あまり食べないという。ヒヨコや子供のときから、硬い野菜や雑草を食べ慣れさせることも大事なようだ。

54ページの笹村出さんは、「育成鶏が腹を空かしているところに雑草を放り込む。仕方なく食べるうちに、雑草が好きなニワトリになる」という。

とれすぎた野菜をそのままニワトリの緑餌に。硬いだいこんも大喜びで食べつくす（岩崎奈穂撮影）

竹内孝功さん（32、62ページ）は、生まれてまもないヒヨコに軟らかいハコベ与える。母鶏がついばんで食べさせることも。親のマネをして草を食べるようになっていく（依田賢吾撮影）

卵を孵す、ヒヨコを育てる

庭先で飼う程度の小羽数のヒヨコや
ニワトリを入手できる機会は、意外と少ないものです。
有精卵を孵化させる方法や、
産まれたヒヨコを失敗せず育てるコツを教えてもらいました。

ウコッケイは子育て上手なお母さん

長野市●竹内孝功

優しい声でヒヨコを呼び、緑餌のハコベを小さくちぎってヒヨコに与えるウコッケイ（依田賢吾撮影、以下Y）

ニワトリは普通、卵を温めない

長野や東京で自然菜園スクールを主宰している竹内孝功です。20代に自給自足の生活を志したとき、思い描く農的暮らしにはニワトリが必要だと真っ先に思いました。ニワトリがいることで生ゴミや残渣、草などが卵や肉に変わるし、昔から農家の軒先で飼われてきたイメージもあったからです。

ところが現代の一般的なニワトリは、自ら抱卵（ほうらん）して孵化させることはしないと知りました。というのも、ニワトリは抱卵すると一定期間卵をまったく産まなくなるので、品種改良で産卵率を高めるために、抱卵する本能が薄い系統を選抜して育種されてきたからだそうです。ですので、ヒヨコも自給しようと思ったら、孵卵器を購入して人工孵化するか、抱卵する本能を残したニワトリを同時に飼う必要があります。

野性味を残したウコッケイ

そこで、私が取り入れたのがニワトリの一品種、ウコッケイでした。ウコッケイは足の指が一般的なニワトリより1本多く、毛は白か黒。ただし共通して鶏皮や骨などは真っ黒という、貴重な野性味を残した鳥です。気性は穏やかで臆病。海外では愛玩鶏「シルキー」として人気です。

卵は一般的なニワトリより一回り小さいのですが、とても高価で取り引きされ、漢方ではとくに有精卵が珍重されています。そしてなにより、抱卵してヒナを育ててくれる性質（就巣性）があるので、まさに一石二鳥でした。

現在ウコッケイ14羽、他のニワトリ（岡崎おうはんやアローカナなど）を約6羽飼っています。

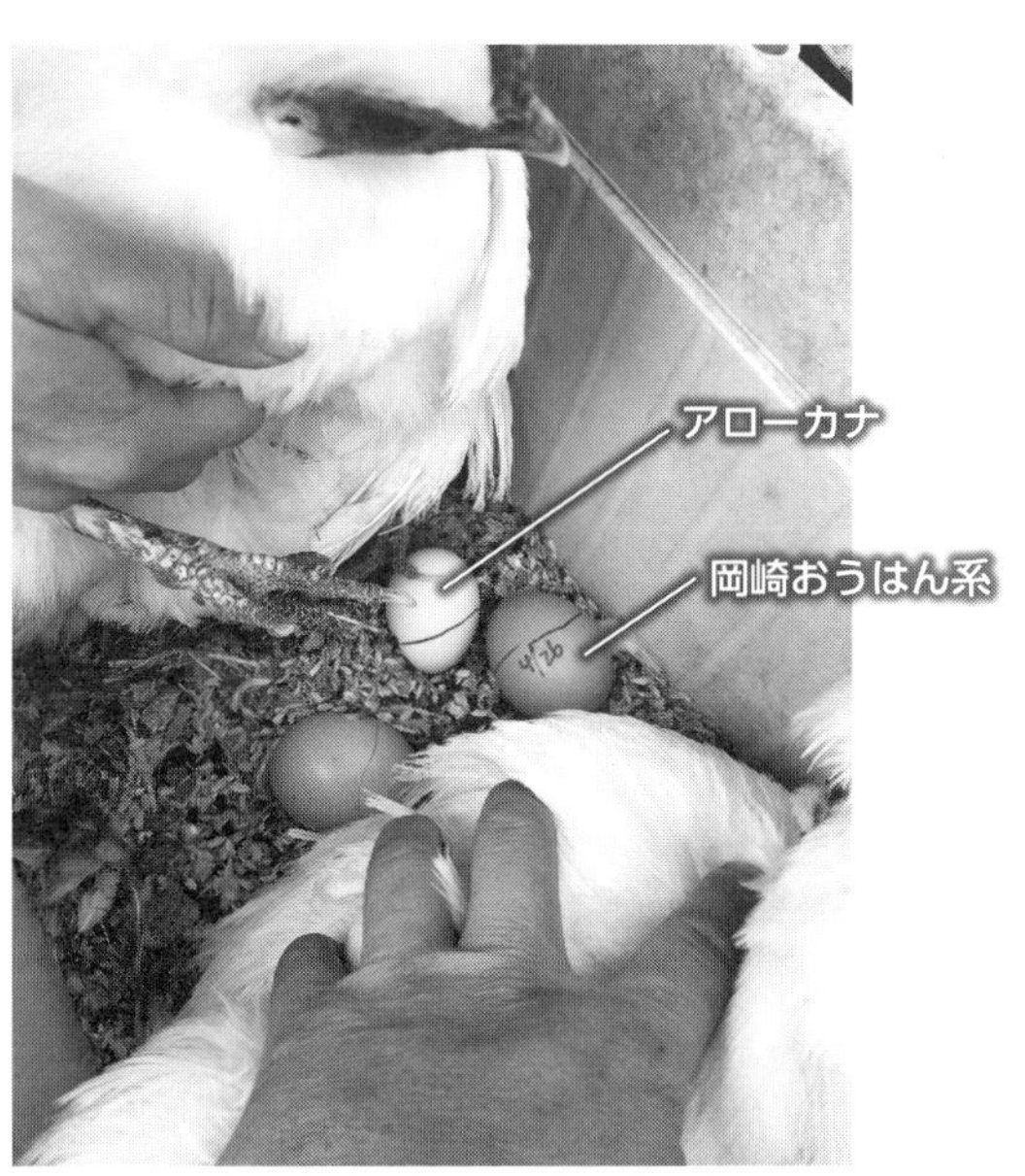

他のニワトリの卵も抱かせる。卵に抱卵開始日を書いておく（T）

モミガラをたっぷり入れた大きめのプランターで数羽一緒に有精卵（無洗）を抱かせる（竹内孝功撮影、以下T）

他のニワトリと一緒に飼える

自然養鶏では、ニワトリは畳1枚に2羽程度までにするとストレスがなく、ケンカやツツキなども起きにくいものです。ところがウコッケイなら、他のニワトリ2羽に1羽足して3羽一緒に飼っても大丈夫であることもわかりました。ウコッケイは他のニワトリより朝早くから活動し、エサは小食、寝るのも早いため住み分けができ、ストレスを与えないのでしょう。

抱卵

本気かどうか見極める

ニワトリは20羽に1羽オスがいれば有精卵の確率が高く、ヒヨコを自給できます。

ウコッケイのメスが産卵して抱卵するのは、おもに春と秋です。1羽で一度に8つほどの卵を抱きかかえることができます。自分の卵を温めるだけでなく、他のメスが産んだ卵を加えると穏やかに受け入れて一緒に温めてくれます。

とくに2〜3年齢のメスが卵をたくさん産み、抱卵も積極的にしてくれます。もちろん個体差もあり、抱卵しても途中でやめてしまう飽きっぽい性格のものもいます。ですので、産卵箱の中でメスたちが抱卵し始めたら数日様子を見て、本気で温め続けるものを見極めます。当地は寒冷地なので、2〜3羽のウコッケイが1カ所に集まって暖をとりながら抱卵することが多いです。

抱卵を続けるメスを、モミガラを敷き詰めたプランターへ卵とともに移し、さらに数日様子を見たうえで、本格的にお任せするかを判断。卵に抱卵開始日をマジックで書いて孵化を待ちます。卵は温めて21日目に孵化します（一般的なニワトリと同じ）。

育すう

代理母にも大いに頼る

ウコッケイはヒヨコが生まれた後も面倒見がよく、幼児教育まで丁寧にしてくれます。まるでプロの保育士やベテランお母さんのようです。

たとえば、ミミズやハコベなど、ヒヨコに初めてのエサをあげようとするときは、鳴き声やしぐさで「食べ物だよ」とヒヨコを誘導。危険が迫れば鳴き声で危険を知らせたり、寒い夜中は羽の中でヒヨコの適温になるようにじっと介抱してくれたりするので、基本はお任せできます。

ヒヨコは生まれて2日間はお腹の卵黄から養分が来ているので、エサと水を用意するのは3日目からです。水は毎日交換し、エサは雑穀と米ヌカ、玄米を砕いて混ぜ、粗食にしています。

好奇心が強いヒヨコほど事故が多く、水場でおぼれたり、隙間から脱走したり、事故で亡くなるケースが多いものです。体調が悪くて弱い個体も出てくるので万全をつくしますが、多少は自然界の淘汰の法則だと思うようにしております。その点、親のウコッケイが面倒を見てくれると、事故も少なくて助かっております。

鶏舎の一角に抱卵・育すうスペースをつくり、他の鳥が入れないように囲っている（Y）

中には、他のメスが抱卵して孵化したよそのヒヨコや、孵卵器で温めたヒヨコの代理母をも買って出て、大いなる母性で面倒を見てくれるものもいます。鳥目なので、夜間に羽の下に幼いヒヨコを忍ばされると、自分が孵化させたと錯覚してしまうのかなーと思っております。

オスが生まれたら

ニワトリはヒナのうちは雌雄の見分けがつきにくいのですが、生まれたばかりでも一日中食事している一回り大きなヒヨコは、おおむねオスです。オスは朝早く鳴くため嫌がられやすいのですが、ご近所さんに有精卵などを差し上げて挨拶をし、理解を求めるとよいと思います。逆にメスだけで飼育し続けるとメスがオス化したり、いじめが発生したりしやすくなります。オスを入れると群れがまとまり、メスが穏やかになります。

ただしオスにも個性があり、リーダ

ーシップが取れるものと自分勝手なものがあるので、2〜3羽候補を立て、多すぎる場合は生後1年以内に若鶏のお肉にしていただきます。通常の若鶏よりも味わいが強く、まだ肉質も硬くなりすぎる前なので、生命をかみしめながらおいしくいただきます。

ニワトリがいる生活は生ゴミゼロ。毎日生ゴミを持っていくと食べられるものはすぐに食べ、食べられないものは足で土とモミガラ（敷料）と混ぜて発酵処理してくれます。自分の家で採れた新鮮な有精卵と自家製醤油とお米のTKG（卵かけご飯）はぜいたくの極みで、最高の朝食です。

産まれてすぐのヒヨコは保温が必要だが、お母さんがいると、羽の中で温めてくれるので、こたつ電球などの保温道具は必要ない（T）

孵卵器を使う場合のポイント

複数の有精卵を効率的に孵化させたいときは孵卵器も使っています。メスが抱卵し始めたときに合わせて孵卵器に入れると、メスは自分が孵化させたヒヨコと一緒に面倒を見てくれるようになるので、タイミングを合わせています。

●孵卵器は、自動転卵機能付きで、温度を自動調節できるものがおすすめ。

●卵は常温で産卵後6日以内のものを使う。目標羽数の1〜2割多い数を一気に入れて温める。

●卵は洗わない。糞が付いていてもそのままふき取る程度。食用に販売されている有精卵は、洗浄されたり冷蔵庫保存されたりしているので、まず孵化しないと思ったほうがよい。

●外気温が低いときに寒い部屋に孵卵器を置く場合は、夜間だけでも孵卵器そのものを保温したほうが無難。

●孵卵中は湿度も大切。湿気がなくなる前に孵卵器に給水する。

●孵化する予定日の2〜3日前から自動転卵を止め、当日は外出を控える。

筆者が使う自動孵卵器（LifeBasesのインキュベーター）。自動転卵機能付き、保温・保湿できる（Y）

フタを開けたところ（Y）

ニワトリ、アイガモ

孵卵器での人工孵化のやり方

鹿児島大学農学部●髙山耕二

ニワトリやアイガモは卵を抱かない

鳥類が産んだ卵を自ら抱いて孵化させることを「就巣性（しゅうそうせい）」といいます。これは卵生（らんせい）である多くの鳥類が、自分の子孫を残すために必ず備えている性質です。

しかし、家畜化されたニワトリの多くは就巣性が取り除かれ、改良の進んだ卵用種では年間300個を超える卵を産みます。アイガモも就巣性を有しておらず、そのヒナを得るには有精卵を集めて、人工孵化する必要があります。

安価な孵卵器でも大丈夫

人工孵化に必要なのが、孵卵器。数十万円する本格的なものから、最近では通販で2万～3万円で簡易なものも購入することができます。筆者は研究目的で孵化するときは温度や湿度管理が正確にできる前者を、個人的な目的で孵化するときは後者を使用しています（写真1）。

安価で簡易な孵卵器は、機械に表示される温度と実際の内部温度に若干ずれがあったり1日数回行なう転卵作業（卵の位置を変える）を手動で行なう必要がある場合があります。購入する際には、転卵を自動で行なうタイプか、手動で行なうタイプかをまず確認し、購入後は試運転してその孵卵器の特徴（クセ？）を把握してから卵を入れると孵化がうまくいきます。

温度は37・5℃

孵卵（卵を温める）の条件と孵化に要する日数は左の表のとおりです。ニワトリは21日、ガチョウは30日、そし

写真1　人工孵卵器。左は卵が400個入るタイプで研究用に使う。右は安価で15個入るタイプ。家ではこちらを使う

てアイガモは28日でヒナが孵化します。

私の場合、孵卵器内の温度をニワトリで37・5℃、アイガモとガチョウは37℃に設定します。アイガモの温度を若干低くしているのは、湿度を高くするためです。

ニワトリの孵化率は90%程度。これに対して、アイガモの孵化率は低く70%程度。その理由は、孵化する直前、卵から外に出る際に時間がかかり過ぎて力尽きてしまう、すなわち「死籠り卵」が多く発生するためです。アイガモのくちばしの先は丸く、卵を割るのにどうしても時間がかかってしまいます。そこで湿度を上げ、ヒナが卵の中から殻を少しでも割りやすくしてあげます。

孵卵の条件

	ニワトリ	アイガモ	ガチョウ
温度（℃）	37.5	37	
湿度（%）	50～60	70～80	
転卵回数／日（自動）	24		
転卵回数／日（手動）	2～3		
転卵の停止日（孵卵器に入れてからの日数）	17	25	27
孵化日数	21	28	30

懐中電灯で検卵

孵卵器に入れる際、卵は鋭端（とがったほう）を下に、気室がある鈍端を上にして並べます（写真2）。

卵は孵化までに2回、発育状況を検卵器（市販のLED電球を使った小型懐中電灯でも代用可能）を使ってチェックします。

まずは7日目、鈍端から光を当ててみると、ちゃんと受精し、発育している卵は気室の部分が月のように白く光り、その下では胚を中心に血管がクモの巣状に張り巡らされています（写真3左）。一方、無精卵は全体が白っぽく、血管が見られません（同中央）。そして、受精卵の中でも発育が停止した卵では、血管が見られるものの、発育卵のようにクモの巣状になっていません（同右）。このように、卵を発育卵、無精卵、発育停止卵の3つに分け、発育卵以外を取り除きます。

写真2　アイガモの卵。鈍端を上向きにして孵卵器に入れる

17日目ころにもう1回検卵をします（アイガモは20日目）。そのころには、順調に発育している卵は気室が大きく、その輪郭もはっきりしています。それ以外の部分は黒く、中で胚が動くこともあります。ここでは、7日目以降に発育が停止した卵を取り除きます。発育が止まった卵は中が明るく、発育卵との違いがはっきりわかります。

転卵をストップ

ニワトリは17日目、アイガモは25日目に転卵をストップし、静置します。卵の中を検卵器で照らすとヒナが動いているのがはっきりとわかります。そして、毎日行なっていた転卵はストップし、温度はそのままで卵を転卵枠から発生枠に移して静置した状態でヒナ

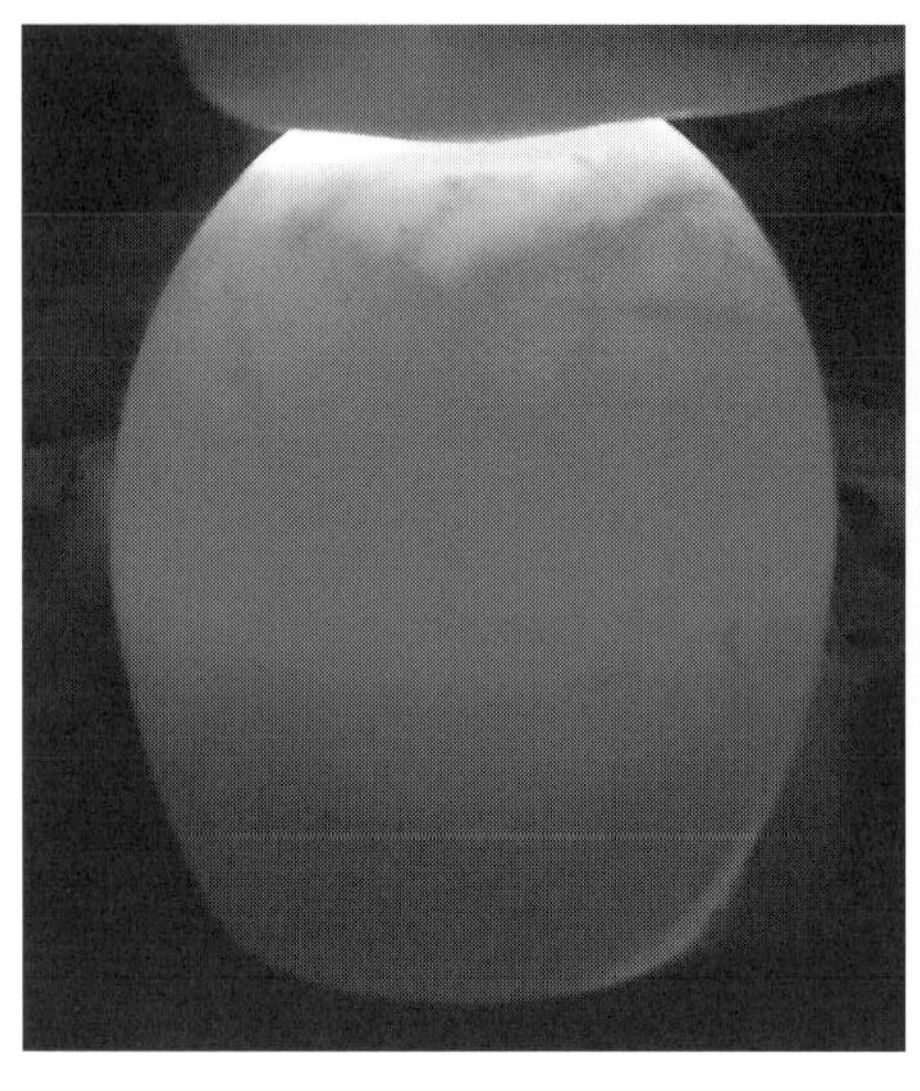

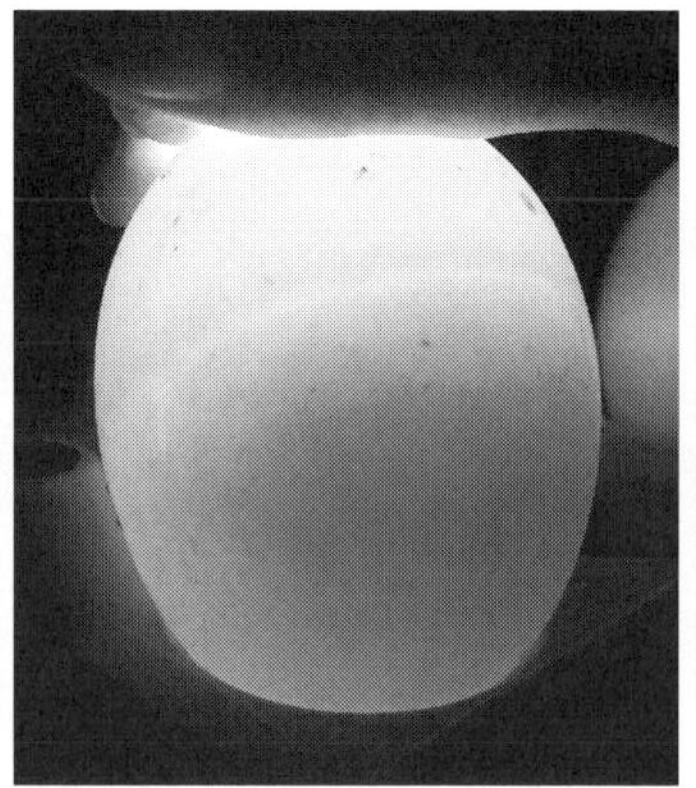

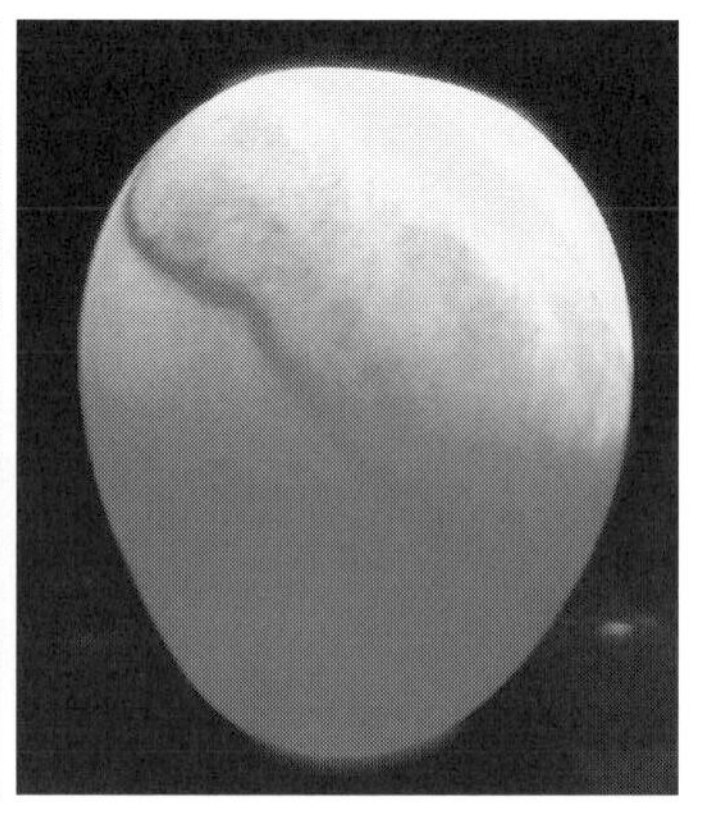

写真3　孵化開始から7日目に上から光を当てて検卵した様子（アイガモ）。左から発育卵、無精卵、発育停止卵。発育卵は気室部分が白く光り、血管が張り巡らされているので全体が赤っぽい。無精卵は血管が見られず全体が白い。発育停止卵も発育卵のようには血管が張り巡らされていない

転卵のやり方

転卵は、卵黄の表面にある胚が、卵殻膜にくっつかないようにするために行なうもの。手動の場合は、上部の鈍端を、90度ずつ前後に傾けて転卵する（自動のタイプも同様に行なわれている）。

孵化直前（孵卵器に入れてから17日目）になったら転卵を停止。ヒナが肺呼吸に切り替わっており、卵が動くと、ヒナが出ようと頑張って卵の上側にあけた穴が、膜などの内容物で塞がり窒息死してしまうため、静置する必要がある。卵は横向きに置いておく。

卵の構造

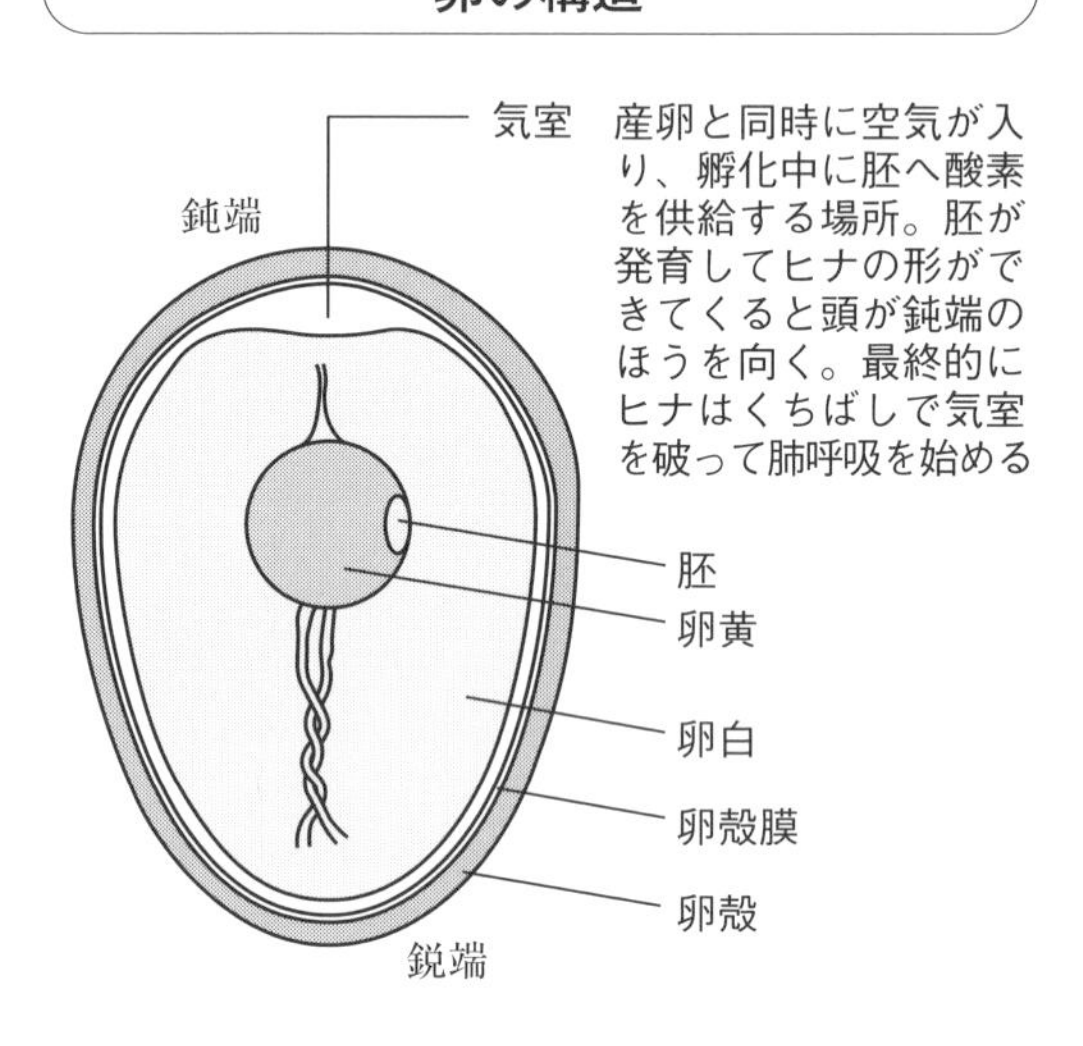

気室
産卵と同時に空気が入り、孵化中に胚へ酸素を供給する場所。胚が発育してヒナの形ができてくると頭が鈍端のほうを向く。最終的にヒナはくちばしで気室を破って肺呼吸を始める
鈍端
胚
卵黄
卵白
卵殻膜
卵殻
鋭端

の孵化を待ちます（写真4）。

転卵の停止から1～2日目には卵にヒビが入り（写真5）、中からヒナの声も聞こえてきます。その様子が気になり、孵卵器を開けて中を確かめたくなりますが、ここは我慢です。とくにアイガモ卵では、孵卵器を開けると中の湿度が下がってしまうため、さきほど書いたようにせっかく育った卵が死籠り卵になるリスクが高まります。そうならないように、孵卵器の開閉は最小限にします。

孵化直後のヒナ（写真6）は疲れてぐったりとしていますが、しばらくそのままにしておいても大丈夫です（写真7）。羽毛が乾き、元気に動き出すようになった後に孵卵器から取り出し、育すう場に移動します。

2週間以内の種卵がいい

孵卵器に入れる卵のことを種卵と呼びます。ニワトリやアイガモが産んだ卵を一定期間貯蔵して、ある程度まとまった数を孵卵器に入れます（貯卵）。高い孵化率を得るには、産卵から2週間以内の種卵を使うようにします。貯卵にベストな温度は10～15℃、

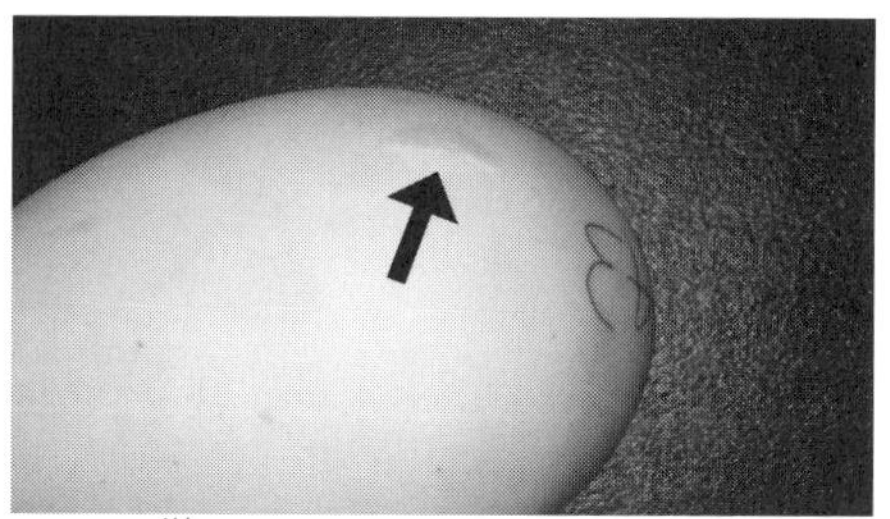

写真5　嘴（はし）打ちは上側から始まる

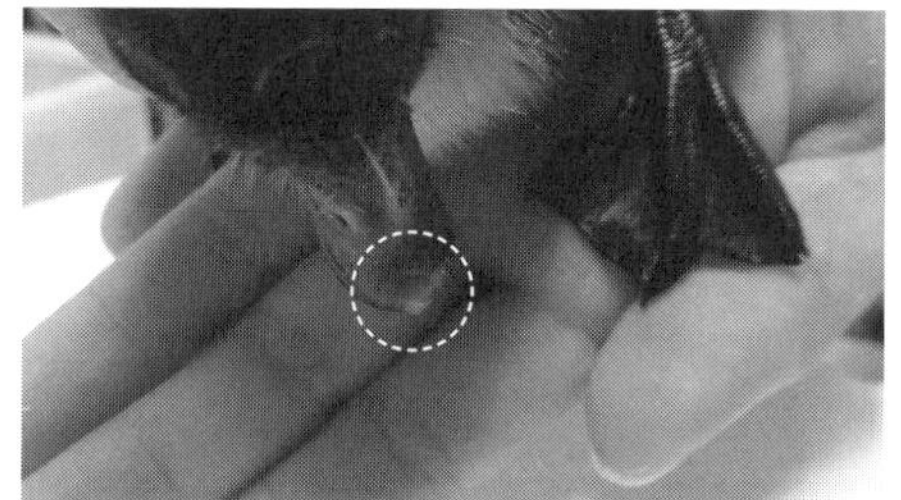

写真6　孵化したヒナのくちばしにある卵歯。卵の殻を割る際に活躍。しばらくすると消える

写真7　孵化したばかりのニワトリのヒナ

写真4　上段はアイガモの25日目までの卵で、毎日転卵中。一番下の段は25日目～孵化までの卵で、転卵を止めて横向きにしてある

野菜や米の低温貯蔵庫の中がちょうどいい場所です。温度が20℃を超えると貯蔵している間に胚の活力が低下し、それに伴い孵化率も低下します。一方、家庭用冷蔵庫だと温度が低すぎで乾燥してしまいます。

＊

以上のような手順でヒナを自分で孵化させることができます。実際やってみると、意外と簡単にできます。孵化するまでドキドキしますが、卵から出てきたヒナは愛らしく、孵化直後からスキンシップを図ることでヒトを親と認識させること（刷り込み）も可能ですよ。

卵の長期保存法。発泡スチロール箱にモミガラを敷き、卵の鋭端を上にして並べ、密閉する

2週間以上保存した卵を孵化させる方法

卵を2週間以上保存するときは、鋭端を上にし、モミガラを敷き詰めた箱の中に並べる。その箱をポリ袋の中に入れ、できるだけ空気を抜いてから封をして貯蔵する（卵、つまり胚の呼吸を抑制し、活力を維持するため）。

産卵から2週間以上の時間が経った分、孵化率は低下するが、50%程度は孵化してくれる。

段ボールで孵卵器を手づくり

兵庫県養父市●山下将幸

購入した有精卵にはウコッケイなどの血が濃い品種や雑種もあり、さらに交雑したのでさまざまなニワトリがいる

兵庫県北部の限界集落で暮らしている山下将幸といいます。古民家を購入して夫婦でDIYし、1階をカフェ、2階を居住エリアにしています。

ある日、なんとなくTikTok（動画サイト）を見ていたら、卵からヒヨコを孵化させる映像が流れてきました。なんかおもしろそうだなぁと思い、近所のスーパーで売っていた有精卵を温めてみることにしました。

メルカリで孵卵器を買ったが

使ったのはメルカリで売っていた安い孵卵器。温度は37℃に設定し、中の容器に水を入れて湿度もばっちり！のはずが、安い孵卵器だったせいか温度調整がうまくいかず、1回目の孵化は失敗。

2回目もうまくいかず、3回目のチャレンジで初めて卵の中からピヨピヨと鳴き声が聞こえるところまでいきました。しかしそこからがまた大変で、弱いヒヨコなのか、24時間以上が経過しても全然卵から出てこない。ピンセットで少しずつ殻を割っていき、なんとかヒヨコが生まれました。

4回目はまたもや失敗。「あれ？これって孵卵器のせいでうまくいかないのでは？」と思い始めました。

ちょうど同じ時期、初めてのヒヨコを、ヒーターを入れた段ボールで育てていました。ヒヨコは体温調整が苦手なので、温度管理をしてやらないと死んでしまいます。「この段ボールとヒーターで、孵卵器もつくれるのではないか？」と考えました。

段ボールで成功！

ヒヨコを孵化させるときに必要な要素は3つあるといわれています。適度な温度、適度な湿度、転卵です。

中でも一番重要なのが温度管理だと

段ボールを二重にした孵卵器。ファンを回して温度ムラをなくす

温湿度をキープするため段ボールを開けずに温湿度計を外からチェックできるように、一面はビニールにした

思うのですが、使っていた安い孵卵器はその点が少し心配でした。もしかしたら、段ボールとヒーターを使った自作の孵卵器のほうがうまくいくかも？

そこで5回目からは、段ボールの中にヒーターを置いた自作孵卵器で卵を温めてみました。すると、ちゃんと2羽のヒヨコが生まれたのです！　その後も少しずつ改良を加えた結果、成功のポイントがわかってきました。

冬は段ボールを二重三重に

まず温度ですが、サーモスタット付きヒーターで36・5～37℃に保つことで、たいがいはうまくいきます。

基本的に段ボールは室内に置いて孵化させています。夏のほうが、室温と段ボール内の温度差が少ないので温度をキープしやすいです。逆に冬は温度差が大きいので、どうしても段ボール内の壁側の温度が下がってしまいます。冬に孵化させるときは段ボールを二重三重にして、できるだけ段ボール内の温度が一定になるようにしています。

ファンで温度ムラをなくす

温度管理で重要なのがファンです。段ボールで囲っても、箱の中心部と壁側では温度ムラができてしまいます。それをファンで空気を対流させることで温度を均一にするのです。

個人的な感覚ですが、ファンを入れる前と後とでは、孵化率が2倍くらい違う気がします

孵化中は、検卵（私はトイレットペーパーの芯の上に卵を置いて、下から懐中電灯で照らしています）と、転卵作業があります。転卵は8時間に1回ほど行ないますが、このときも段ボール内の温度を保つため、なるべくすばやく行なうようにしています。

湿度管理は孵化直前でOK!?

湿度が足りないと、ヒナが卵から出てきにくくなります。小さい器にぬるま湯を入れて孵卵器内に置くだけで、湿度は適度な60～80％になります。

ニワトリの卵は孵卵器に入れて21日で孵化します。いろいろ試した結果、器は孵化直前に設置すれば十分だと感じています。器は2、3羽孵化したら取り出します。ヒナがぬるま湯をこぼすのを防ぐためですが、生まれ始めるとヒナの体液で孵卵器内の湿度が保た

ヒヨコの体重の変化

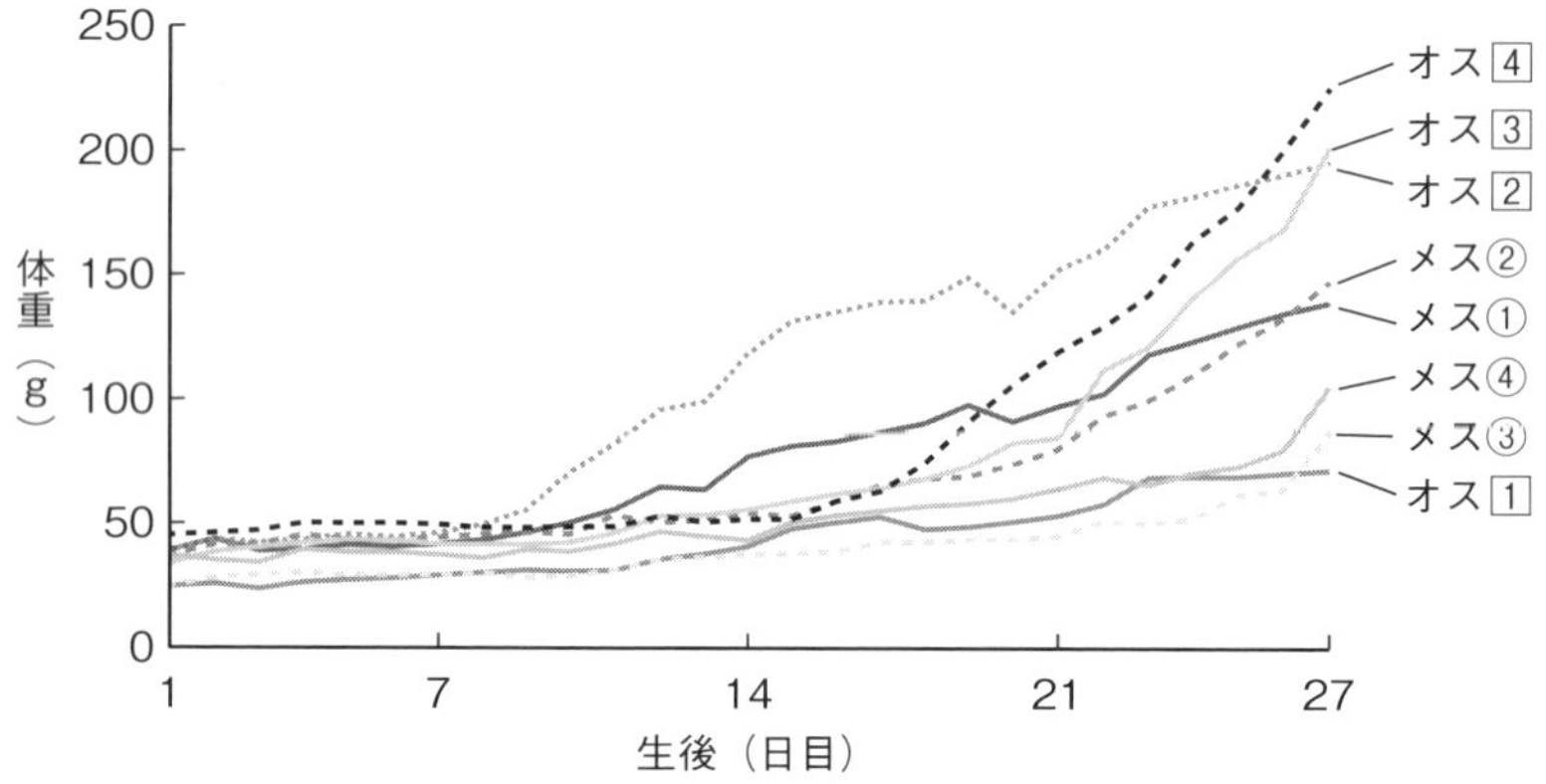

体重（g） 0 50 100 150 200 250
生後（日目） 1 7 14 21 27
オス④ オス③ オス② メス② メス① メス④ メス③ オス①

生後27日目までのヒヨコ8羽（オス4羽、メス4羽）の増体重の様子。オス②～④は総じて14日目前後から体重が大幅に増えている。オス①は未成熟だったため増体が遅れた。メス①は白色レグホン（大型種）で、夏生まれだったため、増体が早かったと推測

れるので大丈夫のようです。

体重を毎日測ってみたら

さて、孵化に成功するようになった私は、ヒヨコが順調に育っているか、毎日体重を測るようになりました。キッチンスケールにボウルを載せ、ヒナを入れて測定します。すると、いろいろな発見がありました。

一番の驚きは、孵化後2週間ほどから急激に体重が増えるヒヨコが一定数いて、それがほとんどオスであることです。この時期からオスはメスと成長スピードが違うのかもしれません。今後は別飼いの目安にしたいと思います。

どのヒヨコもなかなか体重が増えない場合は、育すう箱の温度管理がちゃんとできていないことがわかりました。

他にも、体重が全然増えない、あるいは増える速度が他のヒヨコに比べて遅いヒヨコは、なんらかの病気になっているか、弱くて食い負けしていることがわかりました。その場合は別の育すう箱に隔離して様子を見るなど、体重測定はヒヨコの成長を把握するのにとても役立っています。

獣害対策、オスの鳴き声対策

成長してからも課題はあります。ニワトリは外の納屋を一部改造して飼っており、獣害対策は必須です。対策としては小屋の隙間をすべて塞ぐ、これ一択です。地面に金網を敷いたり、壁の下にブロックを埋めたりしていますが、金網が錆びて傷んだ箇所が食い破られ、テンやアナグマに何羽か襲われたことがあります。

また、ニワトリのオスは4カ月目ころから大きな声でコケコッコーと鳴き出します。目覚まし時計代わりといわれますが、実際は夜中の2~3時や昼間も鳴きます。わが家は近隣に家が少ないのですが、夜中は鳴き声が周囲にあまり響かないようにオスだけ別途に仕切った箱に入れて対処しています。

家と店で使う卵を自給

そんなこんなで、現在はオス5羽、メス8羽を飼っています。冬でも1日5~7個の卵を産むので、卵は買わなくなりました。家で食べる用にはもちろん、夫婦でやっているカフェの卵料理に使っています。

密集を防ぐのがポイント

保温と訓練で丈夫にヒナを育てる

三重県松阪市●近藤宏行

私の「ろん農園」では、自然養鶏を始めて10年目で、現在300羽のニワトリを飼育。セルフビルドした小さな家を拠点に、自然養鶏を営みながら、野菜やお米を自給自足し、自然に寄り添った暮らしをしています。

ヒヨコは3月に導入

ろん農園では、孵化直後の初生ビナを3月に導入することが多いです。自然のリズム的にも野鳥の繁殖時期でもある春がおすすめです。ヒヨコを飼うことが決まったら、早めに孵卵場に連絡して予約を入れておきます。

また平飼い自然養鶏で飼うなら、赤玉鶏がおすすめです。赤玉鶏の特徴としては、おとなしく管理しやすい、雑食性に富み粗飼料でも飼いやすいことなどが挙げられます。有名な種鶏だと、ボリスブラウンですね。

鶏舎内に育すう箱を設置

鶏舎の環境に慣れさせるため、鶏舎の中には以下のものを設置しています。

- **育すう箱**：箱枠だけを置いて、底なしにする。地面からの湿気がヒヨコには必要である。
- **保温室**：毛布で覆い、入り口にはのれんを垂らす。換気用にのれんの下は2〜3㎝開ける。
- **運動場**：ヒヨコの生育とともに少しずつ広げていく。

3日目までは保温を徹底

初生ビナを導入した際にまず気を付けることが、保温室の温度管理です。

- **初日〜3日目**：保温室には床にモミガラをたっぷり敷き、電球を入れて毛布などで覆ってしっかり保温する。

当初は床に堆肥を埋めて熱源にしたり、ヒナが寒いときに密集しすぎないように床を斜めにしたりしていたが、この地域ではこれで十分。夏など暖かい季節に育すうする場合は、覆いやのれんはいらない。モミ

導入1日目の保温室の初生ビナ

ガラをたくさん敷くことは、糞の密度を下げる狙いもある。

初めは１００Wの電球をセットし、室内が30～35℃になるようにする。とくに最初の３日間は温度を下げないようにするのがポイント。

• **保温期間**：春は２週間程度。夏は10日間。冬は20日と、季節に応じて調整する。その間、ワット数を１００→60→40と徐々に低くして、外気温に慣らしていく。

玄米で餌付け

最初から硬い玄米を与えることで、ゆくゆくは粗飼料を何でもよく食べてくれるニワトリになるよう育てていきます。

• **初日～３日目**：水と玄米のみを与える。

• **４日目～**：細かく刻んだ草や小石を与え始める。５日目あたりから、自家配合の飼料へと徐々に切り替える。

• エサは朝と午後の２回やり、その際、水も新しいものに交換する。

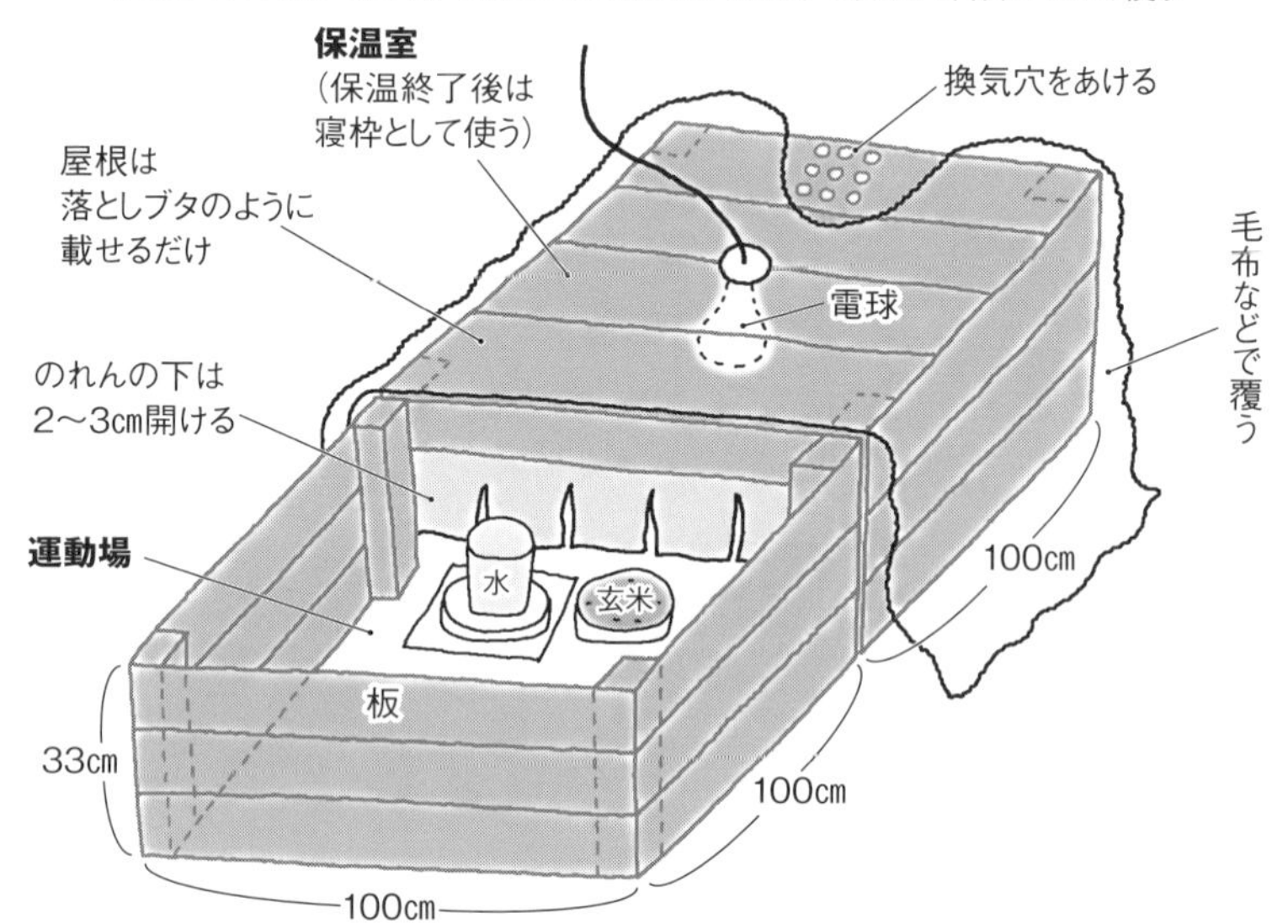

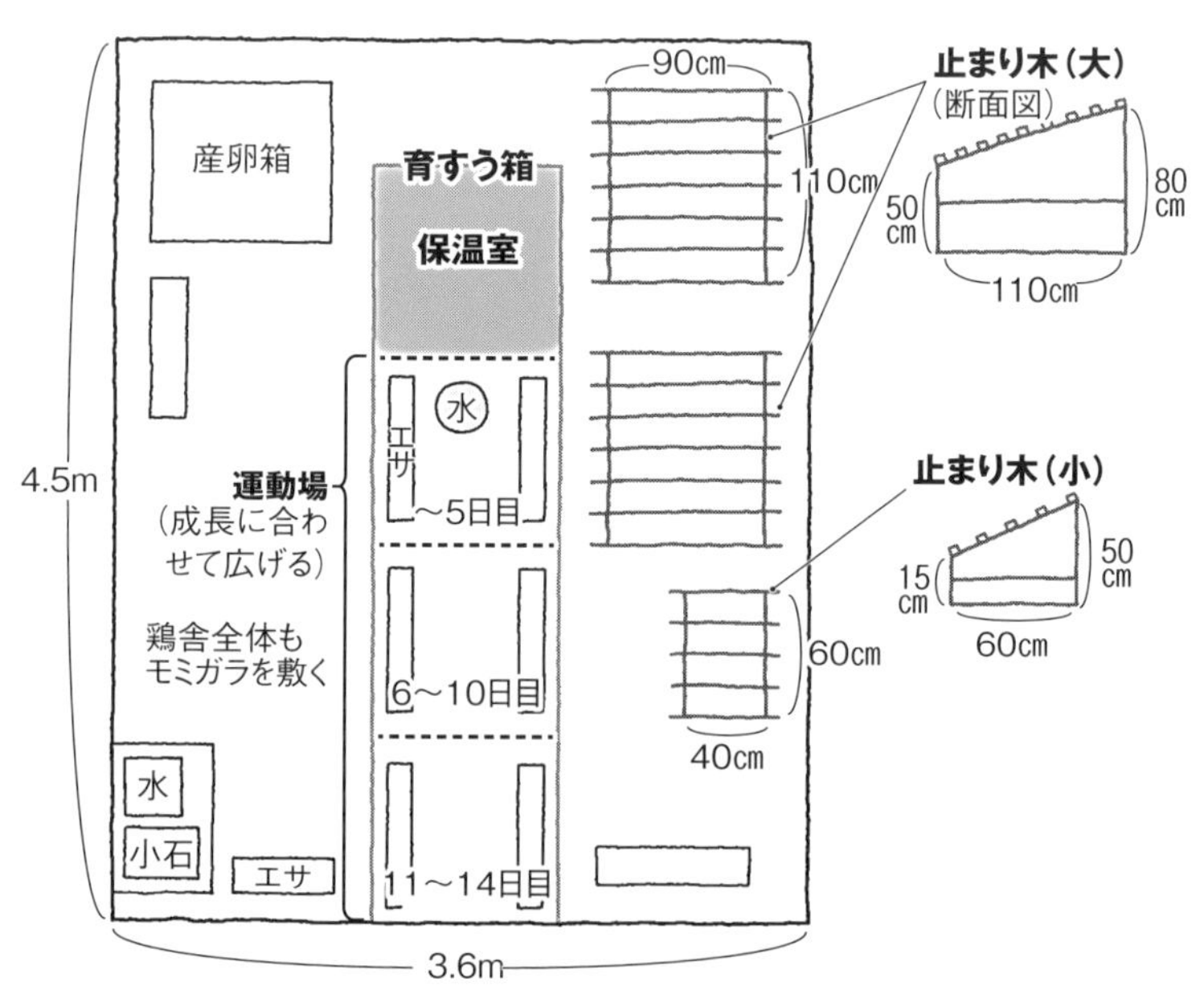

コンパネ。床材や糞の混入防止のため下に敷いた

自作の水飲み器

育すう箱の様子と12日目のヒナ。運動場を徐々に広げていく

鶏舎の水飲み器はコンテナボックスを使用。高さ40㎝の台に載せて地面から離したり、コンパネでコンテナの上部を半分に仕切ってニワトリが入れないようにすることで、床材や糞の混入を防ぐ

穴をあける。ここからじわじわ水が出て受け皿に溜まる

水飲み器の材料、百均の容器に水を入れて受け皿でフタをしてひっくり返す。容器は育すう初期用の小さなもので1ℓ仕様

水飲み器を自作

ヒヨコ用の自動給水器も販売されていますが、私は百均で購入した容器と受け皿で手づくりしました（製作費200円。左下の写真）。

- 容器の上のほうに、ドリルで穴を数カ所あける。水を満タンに入れて、受け皿を被せて、サッとひっくり返せば、受け皿に水が溜まり、ヒヨコが水を飲んだ分、自動で供給される。
- 受け皿に床材のモミガラや鶏糞などが混入しにくいよう、一回り大きなコンパネを下に敷いておくとよい。容器は成長に合わせて大きなものに替えていく（1ℓ→2ℓ→4ℓなど）。
- 育すう箱を取り除いた後は、水飲み器を鶏舎の壁や柱際に設置したり、下に角材などをかまして少し高さを上げたりしてやると、床材の混入を防ぎやすい。水をきれいに保つことや床を水で濡らさないようにすることが、ニワトリの健康にもつながる。
- 容器では水が足りなくなったら、コンテナボックスを利用。水飲み台をつくり、その上に置いて水飲み器とする。壁際に置き、ボックスの上側を板で仕切り、ニワトリが水飲み器に乗れないようにすると、糞の混入を防げる。

寝枠に誘導して密集を防ぐ

2週間の保温期間が終わったら、保温室は寝枠として利用します（電球を消し、覆いやのれんを外す）。

保温が終わるタイミングで、運動場の枠も外します。電球が消えて初めての夕刻は、ヒヨコはどこで寝たらよ

いかわからず、ピーピーと大きく鳴いて、大きい鶏舎の中の一つの角に密集し始めます。１カ所に密集すると内側のヒヨコが酸素不足になって弱ってしまい、抵抗力がなくなりコクシジウム症になる恐れが出てきます。

そうならないように、人間が寝枠に誘導してあげます。寝枠に入れば３面の壁に囲まれて安心するので１カ所に密集しにくくなります。これを２～３日繰り返すと、自然と寝枠で寝ることを覚えてくれます。これは保温期間後のポイントの一つだと思います。

60日目ごろから止まり木の訓練

もう一つ重要なポイントは、55～60日齢で、止まり木で寝ることを覚えさせることです。止まり木で寝るとニワトリ同士の距離が自然とできて、夜間の密集を防げます。しかし、時期が早すぎても止まってくれないし、遅すぎると止まり木に止まらず夜間密集することで弱ってくるので、ちょうど60日齢あたりがよいと思います。

この時期がきたら昼間のうちに寝枠を片付けておきます。そうすると電球を外したときと同様に、夕刻になるとどこで寝たらよいかわからずに、ピーピーと騒ぎ出します。このときに、また人が誘導して止まり木で寝ることを覚えさせてあげます。

明るいと止まり木に乗せてもすぐに降りてしまうので、夕暮れ時の暗くなりかけに行なうことがコツです。これを２～３日繰り返すと、独りでに止まり木で寝ることを覚えてくれます。

ここまでくれば、平飼い育すうも一安心です。止まり木で寝ることによって、夜間に密集の弊害の心配がなくなるので、コクシジウムなどの病気の心配がなくなります。

55～60日目から使わせる止まり木。大小ともに最初から置いておく。移動は可能。写真のヒナはまだ36日目

適正な密度で病気を予防

自然養鶏では、１坪に10羽の割合で飼うことが基本とされています。なので私は、育すうの際（保温期間を除く）からこの割合になるようにしています。ゆったりとした空間でのびのび飼育することにより、床材と鶏糞がうまく分解・発酵してニオイがなくなり、鶏舎内の環境がよくなって病気が出にくくなります。床材はそのまま鶏糞堆肥として畑の肥料に使えます。

当農園では、ワクチンや抗生物質を使わずとも病気知らず。薬に頼るのではなく、ニワトリが健康に育つ環境をつくることによって病気を防いでいます。鳥インフルエンザ対策にしても、病気になりにくい環境をまずつくってあげることが大切なのだと思います。

今後の展望としては、ＹｏｕＴｕｂｅやブログ（「ろん農園」で検索）などで、ニワトリの飼い方やスローライフの様子などを情報配信していきたいなと考えています。少しでも参考にしていただけたら幸いです。

玄米とゆったりスペースで、ヒナを元気に育てる

富山市●㈲土遊野（どゆうの）　河上めぐみ

玄米、低温殺菌牛乳、野草を置いた育すう場

飼料米10haを全量エサに

私は富山県富山市土という小さな集落で、平飼い養鶏と棚田での有機米づくりを主軸にした有畜複合循環型農業を営んでいます。

土遊野では現在、有機米21ha、その他野菜や麦類5haで、すべて自家鶏糞堆肥を活用して有機栽培しています。また飼料米を10haほどつくり、全量を土遊野のニワトリのエサにしています。平飼い養鶏は、採卵鶏を約1200羽と肉用鶏約800羽を飼育。卵や鶏肉、有機米やその他農産加工品はすべて地元食品店やネットで直売しています（卵は1個60円前後）。

ここは「太陽の缶詰」の宝庫

今回お話の中心になる育すうは、私が就農して一番初めに覚えた仕事、そして養鶏では、この育すうが一番大切な仕事だと父から教わりました。両親が養鶏を始めたころから教科書にしてきたのが、中島正さんの著書『自然卵養鶏法』（農文協）です。そこにあった「粗飼料」（栄養価の低い飼料）「自家配合」、そして「薄飼い」「緑餌」の考え方は、今でも土遊野の養鶏の中心にあります。

最初は浸水した玄米と牛乳

土遊野の採卵鶏の育すうは、生まれたばかりの初生ビナからスタートします。

1月、2月、3月に200羽ずつ、オスを2羽ほど入れてもらったヒナが届きます。孵化場には、くちばしを切るビバークは絶対しないよう頼んでお

きます。粗飼料と草をついばんで生きるわが鶏舎ではくちばしがないと生きていけません。

届く前日に、自社の有機玄米を水に一晩浸けておきます。ヒナの部屋にはモミガラを敷いて、ヒヨコ電球（100V200W）はしっかり点くことを確認しておきます。

当日、届いたヒナを1坪50羽ずつ、4部屋に分けて入れます。浸水しておいた玄米を与え、給水器には牛乳を入れます（弊社の低温殺菌牛乳を使います）。生まれたばかりのヒナたちは、すぐにササッと動き始め、床のモミガラをついばんだり、牛乳にくちばしをつけてみたり、玄米の上を駆け回り、「ん？　これ食べられそうだ！」と気付いて突き始めます。2日目、3日目まではこの浸水した玄米と牛乳で過ごします。

以前、ヒナを地面で飼っていたとき、ネズミにかじられてしまった。そこで育すう場を高床式にした。地面から20～30㎝の高さに床（コンパネ）を張り、その上にモミガラを敷いている。おかげで、土の中を通って来るネズミやモグラ、ヘビの被害も抑えられた

1部屋ごとに、玄米を茶碗1杯くらいずつ午前と午後の2回給餌。牛乳は1日2ℓ。牛乳は一晩するとだいたいドロッとヨーグルトのようになりますが、これもヒナたちは大好物で、ここから乳酸菌も摂取できます。3月ころだとハウスの周りに草が生え始めているので、それも除草がてらむしってきて、土のついた根っこごと一つかみ入れておきます。葉っぱはすぐになくなり、葉についている虫や土も好きな様子。

4日目から、成鶏用の発酵飼料も混ぜ始めます。だんだん成鶏用のエサの割合を増やしていき、生後7日で、エサを発酵飼料に移行します。

玄米、モミ米で砂肝も発達

たまに「最初から玄米で大丈夫なんですか？」との質問をいただきます。消化できるのか？という懸念もあってかと思いますが、父から「うちでは、玄米（成鶏ならモミ付き玄米）や粗飼料を食べて生きていく。この玄米を消化できる体をつくっていってもらうんだ」と教わりました。最初から消化器官を鍛える必要があるのです。

土遊野のニワトリを解体すると、砂肝がとても大きい。よく使っている証拠です。うちの子達よりひと回り大きな、配合飼料で育ったブロイラーを解体したことがありますが、砂肝の小ささに驚きました。大切なのは、小さなヒナのときに何を食べて育っているかでしょう。だから土遊野では初生ビナからの育すうが欠かせません。

土着菌で発酵飼料づくり

土遊野では自家配合の発酵飼料をつくっています。このレシピも中島さんの配合比を参考に、自分で入手できる原材料にアレンジしています。材料は79ページの通りです。配合飼料を入れなくても自家産、地域産でほとんど賄えており、粗飼料が主体です。

元種（もとだね）としてモミガラ発酵飼料をつくります。元種の菌は、森の土着菌を利用しています。森の落ち葉を集めて、米ヌカを振りかけ、適度なモミガラお

土遊野の発酵飼料

●穀物類（合計51.2%）
- 飼料米（自家生産）　32.4%
- クズ米（自家生産）　13%
- パンの耳（地元パン粉工場から）　5.8%

●ヌカ類（合計26.7%）
- 米ヌカ（地元の米穀屋さん）　7.3%
- モミガラ発酵飼料（元種）　5.8%
- モミガラ＋飼料米モミ部分　13.6%

●動物タンパク（合計5.8%）
- 魚粉（地元の水産加工会社さん）　5.8%

●植物タンパク（合計10.6%）
- クズ大豆（地元の米穀屋さん）　5.8%
- おから（豆乳工場から）　4.8%

●無機質（合計5.7%）
- 炭カル（農協から）　1.4%
- カキガラ（農協から）　2.9%
- カルシウム剤（北海道より）　1.4%

●季節により配合外で混ぜ込む
- 緑餌（棚田のアゼ草やニラ農家の残渣）
- 酒粕（酒蔵さんから）

手前の山が元種に使うモミガラ発酵飼料。奥が元種と他の材料を配合した発酵飼料。管理機で撹拌している

成鶏用の発酵飼料。野草も混ぜた

布団で湿度と酸素を保ちます。3日ほどで発酵してきたら、さらに材料を追加して元種を増やします。元種は毎日材料を足しながら、一部を発酵飼料に混ぜます。

発酵飼料自体も全部使い切らずに、夏なら3分の1ほど、冬なら2分の1ほど残して、そこに新しい材料を混ぜて山にしておいて一晩。翌朝、全体が発酵してホコホコの発酵飼料をニワトリにあげます。

こうした粗飼料での育て方では、ニワトリはじっくり成長し、卵の産み始めは遅れますが、この初産の遅れが結果として1年半にわたり安定した産卵を支えてくれています。

飼育密度でヒナが変わる

また、飼育の広さ=飼育密度も、とてもとても重要です。同じ広さになるべくたくさん飼うほうが効率的だと多くの人が思われるでしょう。しかし、適正な広さを超えてしまうと、個体差が大きくなったり病気が出やすくなったりして、結果、ロスが多くなります。

土遊野では、個体差はもともとあまり気にしていません。問題は病気で

8週目のヒナ。止まり木の練習中

す。平飼いし、ワクチンや抗生物質を使わない場合、コクシジウムなどの病気に気を付けなければなりません。そのときの子たちの調子が悪くなるだけでなく、その部屋の環境が次のヒナにも影響します。広々と飼育し、病気になりにくい、または調子が悪くなっても認識しやすい環境で育てることが大切だと思います。

引っ越し3回、止まり木も

土遊野では、初生ビナ～6カ月齢は、部屋を引っ越ししながら順次広さを変えています。ヒナは一度に200羽を初生ビナで導入します。

①初生～3週目：1坪に50羽（4部屋。1羽0・07㎡）
②4～8週目：1／4坪に8羽（25部屋。1羽0・1㎡。以下バタリー式ケージ）
③9～18週目：1／2坪に8羽（25部屋。1羽0・12㎡）
④19週目～：10坪に100羽（2部屋。1羽0・33㎡）

注意点が1つあります。ニワトリは大きくなると夜眠るときに止まり木に止まりますが、ヒナのころは地べたで集まって寝ます。ヒナは夜真っ暗な状態になると身を寄せ合います。50羽が一気に集まると、真ん中にいる数羽～十数羽のヒナが、圧死したり圧迫により弱ってしまったりします。

①の段階で、夜は必ずヒヨコ電球を点灯します。電球の下にドーナツ型で集まっているのが理想です。②のときに8～10羽で集まる分には死には至りません。ここで練習用の止まり木を部屋に入れておくと、6カ月ころにはみな木の上で寝るようになります。④で10坪に100羽が集合したときには、圧死の心配はありません。

10羽増やしただけで……

土遊野は、中島正さんの『自然卵養鶏法』（農文協）にある広さよりも広めに飼っています。とくに導入直後の①では「1坪50羽」は大切にしています。じつは以前、効率を重視し、1坪に60羽入れたことがありました。見た目は広々していて大丈夫だと思っていました。ところが3週目あたりから動きの鈍い子たちが数羽出ました。平飼いでは、ヒナの時期に動きの鈍い子たちは病気がうつりやすいものです。

密を避けることが基本

2～4カ月齢を少数で飼育すること。これが1羽1羽を丈夫に育てる秘訣です。特別な薬や栄養剤を買って与える必要はありません。人もコロナ禍を経て、密になると感染が拡大しやすいことを実感してきました。生き物や植物の世界でもまったく一緒。

庭先で数十羽飼う場合も活かせる部分があると思いますので、試してみてください。

ニワトリを病気・害虫から守る

ニワトリの健康チェックの方法や、
おもな病気・害虫の予防と対策をまとめました。

ニワトリの健康チェックと病気予防

まとめ●編集部
指導・髙山耕二（鹿児島大学農学部）

健康なニワトリの見た目
とさかはうるおいがあって生命力がある色
目がパチッと開いて輝いている
くちばしは短く、しっかり閉じている
エサ袋にエリがある
羽がきちんとくっついて締まっている
爪が伸びていたり、ゴミがついていない
しっかり締まってツヤがある
お腹（肛門の前）に脂肪がついていない
お尻が汚れていない 肛門が濡れてピンクに光っている

（参考：『発酵利用の自然養鶏』）

まずは、ニワトリを健康に育てることが大事

ケージを並べて過密に飼う大養鶏場と比べると、ゆったりした場所でのびのびと飼う庭先養鶏では、ニワトリが健康的に育つので、病気にも比較的かかりにくい。

飼育するときは、栄養分のバランスのとれた飼料を与え、換気をよくし、できるだけ広い場所で飼って、ニワトリの習性である砂浴びや日光浴ができるようにしてあげたい。

毎日、ニワトリの健康チェックを

毎日のエサやりの際に、ニワトリの健康状態を観察しておきたい（上の図を参照）。

ニワトリが病気にかかると、次のような症状が現われる。

行動

①元気がなくなり、動作が鈍くなる。飼料の摂取も悪くなる。

②糞の量が減る。色が変化したり下痢したりする。

③成鶏では産卵が止まる。急性の病気では軟卵・不正形卵を産むこともある。

④水を飲む回数が多くなる。

⑤ときどき奇声を発する。

からだの外観

①羽毛をさか立て、翼をたれる。

②とさかの色がうすくなる。逆に光沢のない赤色あるいは暗紫色になる。

③目・鼻が涙・鼻汁でよごれる。目は閉じていることが多い。

④口を開いて呼吸する。くちばしは細

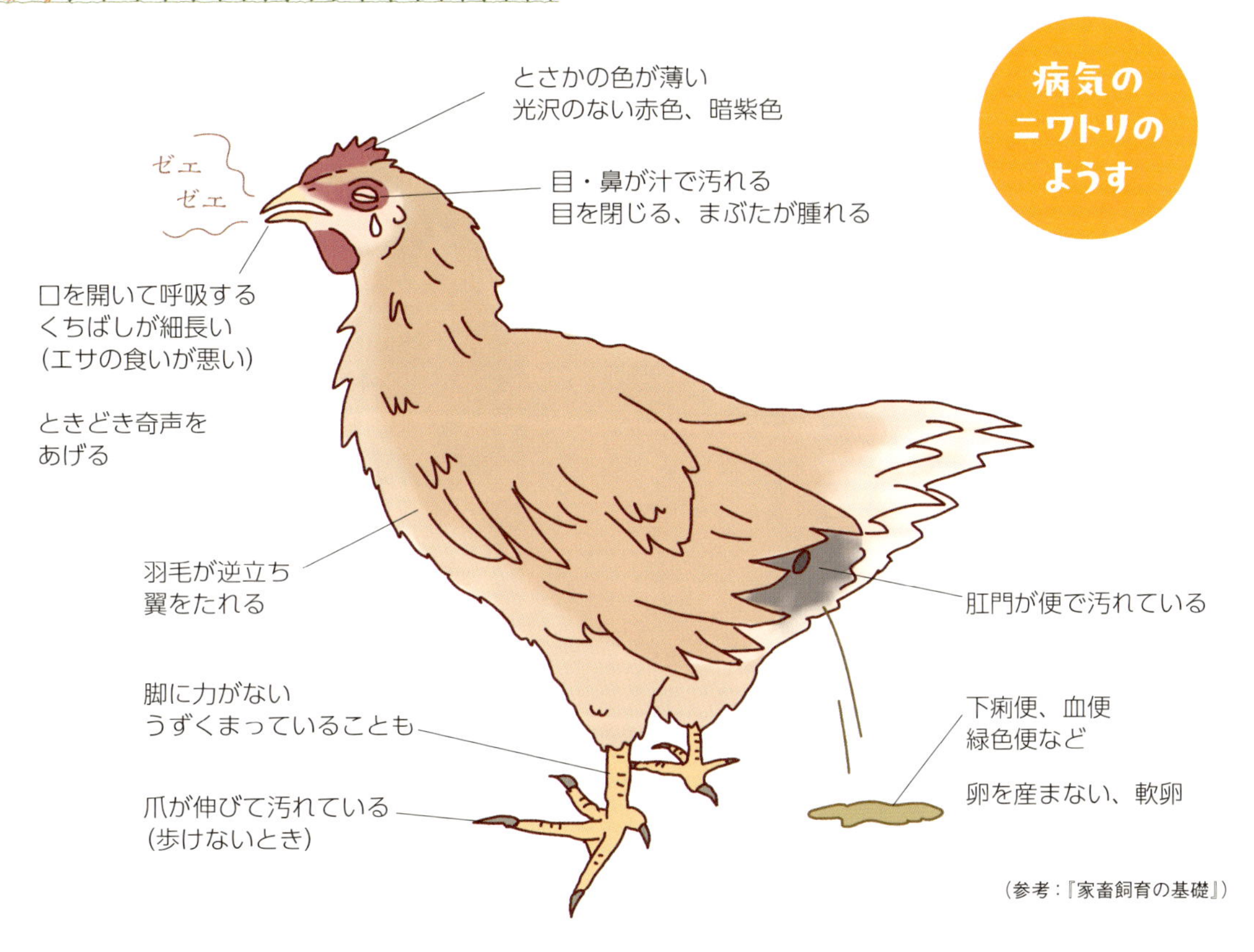

く長い。

⑤脚に力がなく、動きが不自由になる。

以上のような症状が見られたら、念のためそのニワトリを隔離して様子を見る。他に同じ症状のニワトリがいないかも確認し、飼育環境に問題がないかチェックしよう(次の項参照)。

また、ニワトリが次々と急死するなどの異常が見られた場合は、伝染病の可能性もあるので、管轄の家畜保健衛生所に連絡して指示に従おう。

病気になりやすい環境とは? ——夏の暑さにとくに注意

ニワトリの適温は15~25℃といわれている。寒さよりも暑さに弱いので、とくに注意したい。ニワトリには汗腺がなく、汗をかくことができないため、体温の調節が苦手なのだ。ニワトリが口をあけて呼吸しているとき(パンティング)は、すでにニワトリにとって暑すぎる状態。エサも食べず、生産量も低下してしまう(暑さ対策は36ページを参照)。

そのほか、ニワトリが体調不良になる原因には次のようなものがある。

換気不良 換気不良になると空気中の有害ガスが増加し、湿度も高くなって、呼吸器病におかされやすくなる。

寒さ 寒い季節には呼吸器の病気が発生しやすい。寒さがひどいときには、とさか・足指などが凍傷にかかる。

風 暑い季節に、ある程度の風は換気をよくするのに役だつが、気温の低い季節ではニワトリの健康にわるい。とくに羽毛をゆり動かすほどの風は、ニワトリの体感温度をいちじるしく低下させ、呼吸器病を誘発する。

密飼い 飼育密度が高いと、舎内が高温多湿になり、とくに夏は熱射病にかかりやすい環境になる。

病気の出やすい飼育環境にならないようにするためには、適度な通風をはかり、舎内を適温に保ち、冬季の防寒、夏季の防暑に注意することが大切だ。

ヒナはコクシジウム症に注意

伝染病は、抵抗力の弱いヒナの時期に感染することが多い。とくに注意したいのがコクシジウム症だ（右下の写真）。

コクシジウム症は、ニワトリの糞中に排出されたコクシジウム原虫の卵を別のニワトリが食べることによって感染・発病する。平飼いで地面の上で育すうするときに感染しやすい（逆に、バタリーなどのケージで育すうするときは、糞を食べることがないので感染しにくい）。

コクシジウムに感染・発病すると、食欲不振や下痢を起こし（血便になることもある）、衰弱して死亡することもある。ヒナがコクシジウム症になった場合は、サルファ剤を投与すると治療できる（サルファ剤は動物病院などで獣医師から購入できる）。

予防のためには、成鶏と別の場所で育すうする、ヒナが密集しすぎないようにするなど、健康的に管理することも重要だ（86ページも参照）。

年に1回、都道府県への届け出を忘れずに

家畜の伝染性疾病（伝染病）の発生の予防、および蔓延防止について定めた法律として「家畜伝染病予防法」がある。

その中で家畜の「飼養衛生管理基準」が定められ、畜主が最低限守るべき衛生管理の基準が示されている。毎年、決められた期日までに、家畜の飼養衛生管理状況（飼養頭羽数やその管理状況など）を、各都道府県知事に報告することが義務付けられている。

日光浴

庭先養鶏のいいところは、ニワトリが砂浴びをして体をキレイにしたり、日光浴できること。砂浴びは寄生虫を落とす効果があり、日光浴には健康な体を維持する効果もあるといわれる（髙山耕二撮影。以下Kも）

健康なヒナ

目に活力があり、お尻もキレイ（K）

コクシジウム症にかかったヒナ。羽は毛羽立ち、うずくまって目を閉じている（K）

ニワトリのおもな病気と予防・治療

病名	原因・症状	予防と治療
ニューカッスル病 （法定伝染病）	**原因**：ウイルス。消化器・呼吸器・神経がおかされる。 **症状**：ヒナ・成鶏ともにかかり、緑色の下痢便、のどをぜいぜい鳴らし、首をのばした呼吸、脚の麻痺、旋回運動する神経異常などが現われる。産卵は休止するか、あるいはいちじるしく減少する。全群がかかり、アメリカ型は比較的軽いが、アジア型は急性で重く、死亡率が高い。	ワクチンが有効。予防接種を励行する。病鶏からの排出物により直接伝染するほか、人体について運ばれるから、流行時には他人が鶏舎に入ることを禁止する。死体は家畜防疫員の指示に従い焼却するか土中に埋めるかする。
鳥インフルエンザ （法定伝染病、届出伝染病）	**原因**：A型インフルエンザウイルス。病原性の程度および変異の可能性によって、高病原性鳥インフルエンザ、低病原性鳥インフルエンザ（以上が法定伝染病）、鳥インフルエンザ（届出伝染病）に分類される。 **症状**：呼吸器症状、産卵率低下、下痢など。高病原性の場合は、症状が出る前にニワトリが次々と死亡することが多い。	ニワトリと野鳥との接触を防ぐ。鶏舎へのネズミの侵入を防ぐ。鶏舎周辺に消石灰を散布するなど。
鶏痘 （届出伝染病）	**原因**：ウイルス。皮ふ、外気に触れる粘膜がおかされ、発症する。蚊による媒介が感染ルートの一つ。 **症状**：夏を経過したことのないヒナ・成鶏にかぎって発病する。夏には皮ふ（とさか・肉ひげ・くちばし・脚）に褐色で米粒大の隆起ができる（発症）。やがてかさぶたになり、脱落してなおる。秋・冬・春には粘膜（のど・気管・鼻・目）に発痘する。のどや気管に発症すると急死するが、そのほかのばあいは産卵の低下、発育の停滞をきたすていどで、やがて回復する。	ワクチンの接種を励行する。気温の低い時期には換気に注意する。蚊の発生・襲来を防ぐ。
鶏伝染性気管支炎 （届出伝染病）	**原因**：ウイルス。気管支がおかされ、炎症をおこす。腎臓・生殖器も炎症をおこす。 **症状**：口を開いて呼吸し、奇声を発する。緑色あるいは水様性のはげしい下痢便をする。成鶏ではこれらの症状が現われる前に軟卵が出る。発症後は産卵が止まる。伝染力が強く、全群がかかる。	ワクチンを接種する。他人が鶏舎内に入ることを禁止する。回復後も異常卵を産むニワトリは淘汰する。
鶏伝染性喉頭気管炎 （届出伝染病）	**原因**：ウイルス。のど・気管にいちじるしい炎症がおこる。 **症状**：ヒナ・成鶏ともにかかる。口を開いて呼吸し、せきや奇声を発する。たん・血たんを排出する。茶褐色の下痢便をする。症状は個体による差が大きい。	伝染力は弱いが、一度かかるとその養鶏場における根絶は困難。ヒナ・人・器材によってウイルスが侵入しないように注意し、消毒を励行する。生ワクチンの接種は、病気の侵入を受けた養鶏場にかぎって行なう。
鶏リンパ性白血病（LL） （届出伝染病）	**原因**：ウイルス。肝臓・脾臓・腎臓・卵巣がおかされ大きくはれる。内臓がはれることもある。 **症状**：主として120 ～ 250日齢ごろに発病する。元気・食欲がなくなり、緑色または黄白色の糞をする。とさかが委縮し、ツヤがなくなる。急速にやせて死ぬ。	成鶏と隔離して育すうする。その他は上に同じ。
マレック病 （届出伝染病）	**原因**：ウイルス。脚・翼・首の神経がおかされ大きくはれる。内臓がはれることもある。 **症状**：30 ～ 120日齢の中ビナ・大ビナがかかる。元気がなくなり、貧血する。脚・翼・首などが麻痺する。緑色の下痢便をするものもある。発病したものはほとんど死ぬ。	初生時に孵化場でワクチンを接種する。ヒナは成鶏から隔離し、育すうする。
マイコプラズマ感染症 （届出伝染病）	**原因**：マイコプラズマ。主として呼吸器がおかされ、炎症をおこす。関節がおかされることもある。 **症状**：中ビナ・大ビナ・成鶏がかかる。鼻汁を出し、くしゃみをし、涙を流す。食欲がなく発育がおくれる。脚弱をおこすばあいもある。慢性の経過をたどる。	介卵伝染するので、健康な種鶏から種卵を採種する。よい環境下で飼育する。
鶏ロイコチトゾーン症 （届出伝染病）	**原因**：原虫（ロイコチトゾーン）。血液中に寄生しておこる。ニワトリヌカカが媒介する。 **症状**：ヒナ・成鶏ともに夏発病する。ヒナが発病すると突然血を吐いてつぎつぎに死ぬ。成鶏では皮下や体内に出血するが、死ぬものは少ない。緑色の下痢便をし、産卵が低下する。	夕方、殺虫剤を鶏舎とその周辺に散布し、ニワトリヌカカを殺虫し、また襲来を防ぐ。サルファ剤を飼料に添加するか飲水投与する。
鶏コクシジウム症	**原因**：原虫（コクシジウム）。腸管に寄生し、炎症・出血をおこす。 **症状**：ヒナおよび若い成鶏がかかる。元気・食欲がなくなり、飲水量がふえ、やせる。幼・中ビナでは血便をし、急性の経過をたどるものが多い。大ビナ・成鶏では白色の下痢便をし、慢性的なものが多い。死亡率は高い。 平飼いに多発し、ケージ飼いには少ない。	育すう器具・育すう舎・鶏舎を消毒する。ただし、熱（熱湯・火炎）・オルソ剤のほかは効果がない。育すう期には予防薬剤を飼料に添加する。治療にはサルファ剤が有効である。飲水にとかして2 ～ 3日連用する。
腹水症	**原因**：成鶏では腹部の腫瘍や卵墜（卵子が卵管にはいらず、腹腔内におちる現象）などがおもな原因。 **症状**：腹腔内に腹水がたまり、腹部が異常に大きくなる。	ニワトリを健康的に飼育する。現在のところ。効果的な治療法はみつかっていない。

自家用の飼育でも例外ではないので、毎年の届け出を忘れないようにしよう。

また、「家畜伝染病予防法」では、農場内で法定伝染病や届出伝染病が確認された場合は、都道府県に届け出ることが義務付けられている。

ただ、ニワトリは病気にかかると急に死んでしまうことも多く、どの病気にかかったかを見た目で判断することは難しい。明らかな異常を確認したら、まずは最寄りの家畜保健衛生所に相談しよう。

高病原性鳥インフルエンザは怖い？

近年は高病原性鳥インフルエンザの流行が大きな問題となっている。流行時期は秋から春にかけてで、カモなどの野鳥（渡り鳥）が保有している鳥インフルエンザウイルスが、ニワトリ等の家禽に繰り返し感染する中で強毒化すると推測されている。

発生場所は、ニワトリが大量に密集して飼育されている大規模養鶏場がほとんど。風通しのいい場所で、ゆったりと飼育する庭先養鶏では、いわゆる三密（密集、密閉、密接）になりにくく、ニワトリも健康で病気にもかかりにくい。過剰に心配しなくてもよさそうだが、近隣で鳥インフルエンザが発生したときは、都道府県の指示に従おう。

（参考：『農業技術大系 畜産編』、『家畜飼育の基礎』『だれにもできる自然卵養鶏』『発酵利用の自然養鶏』『草刈り動物と暮らす』（農文協）

ニワトリを元気に

わが家の健康法

光合成細菌で病気予防

福岡県八女市●久間康弘

「和食のたまご本舗」では、光合成細菌と木酢液を1000倍に薄めた液をケージの中やエサ箱に噴霧します。

光合成細菌にはカロテノイド系色素が含まれるため、加熱すると卵黄の色が鮮明になります。卵の旨みが増して濃厚な味わいにもなりました。

夏場の暑さ対策、鶏舎内のニオイを抑える、病気予防などの働きもあるので一石二鳥です。

光合成細菌と合わせて木酢液を適宜使えば、光合成細菌の状態が安定し、菌単体よりも散布時の効果が高まることが、長い経験の中でわかってきました。

光合成細菌は呼吸器系の病気予防に効果が見られました。呼吸器系の病気が蔓延し、産卵成績が低下していた農場に光合成細菌の利用をすすめたところ、10日間で産卵成績が５％前後回復しました。自然治癒ではここまで早く回復することは少ないです。光合成細菌には抗ウイルス効果があり、ウイルス性の病気の予防も期待できます。

元気のないニワトリに唐辛子水

まとめ●編集部

高知県のＩさんは、ニワトリの病気予防に唐辛子を使う。

羽のツヤがなくなったり、とさかが黒っぽくなるのは病気になりかけの印。こんなニワトリがいたらすぐに捕まえて口を開けさせる。そして乾燥させた唐辛子１本を砕いてオチョコ１杯の水に入れたものを、無理やり一気飲みさせる。すると、食欲が旺盛になり、元気が戻るのだとか。

また、普段もニワトリの飲み水５ℓに対して10本ほどの唐辛子を入れておく。エサにも砕いた唐辛子を適当に混ぜてやる。黄身の色を濃くする効果もある。

伝染病の怖さを身をもって経験

千葉県野田市●西村洋子

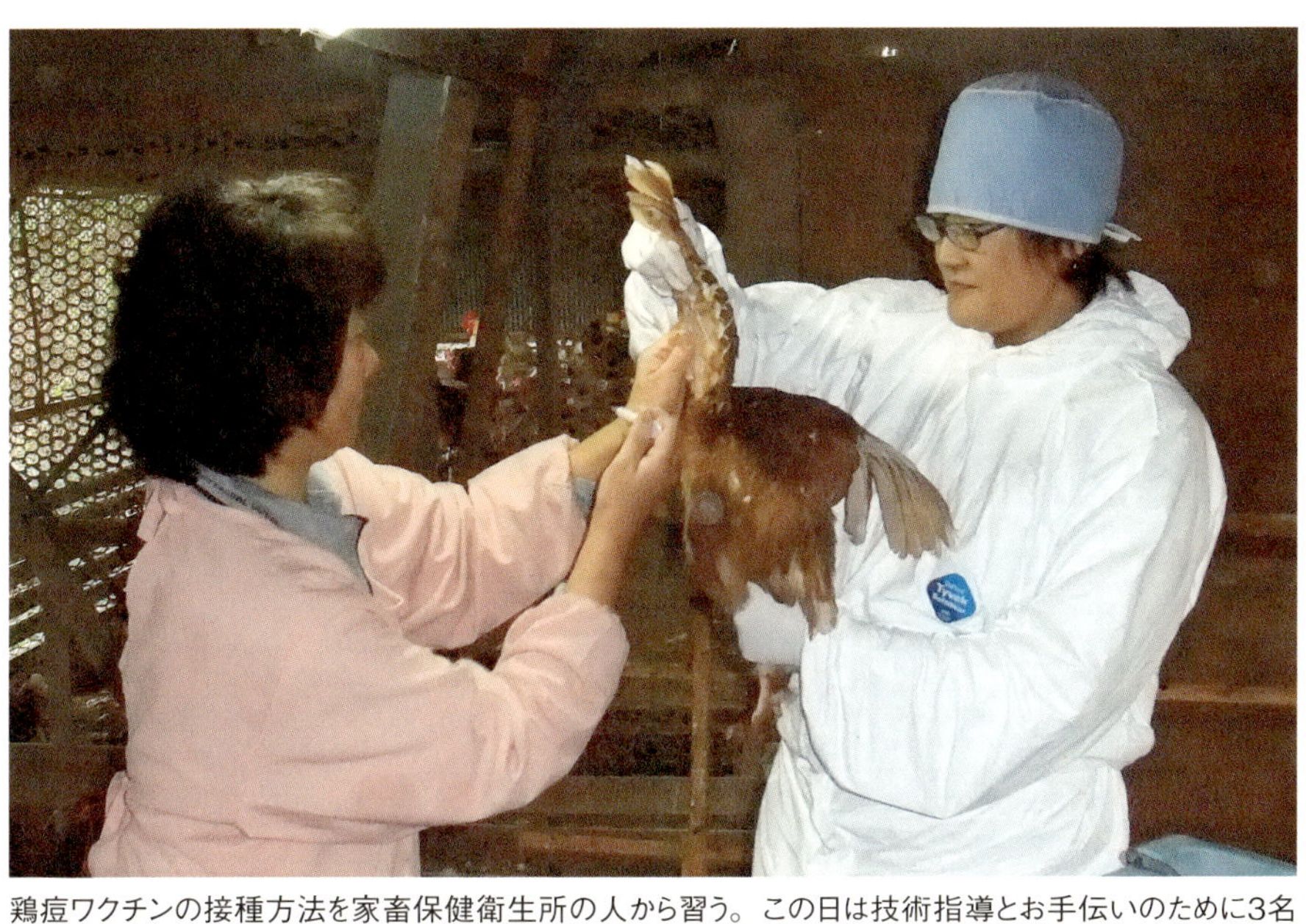

鶏痘ワクチンの接種方法を家畜保健衛生所の人から習う。この日は技術指導とお手伝いのために3名も来てくれた

健康なニワトリの群れでは病気は広がらない

中島正さんのテキスト『自然卵養鶏法』にならって飼育すれば、十分に健康なニワトリに育ちます。おかげさまで最初の10年間は消毒も投薬もワクチンも一切必要なく過ごしました。

８００羽も飼っていると中には病気にかかるニワトリもいますが、それは免疫力が劣っている個体に限られます。発症したニワトリはそのまま群れの中で飼い続けます。やがて回復する場合と、死亡してしまう場合とがありますが、群れ全体に感染が広がることはありません。

これまでの経験上、平飼い養鶏では通常行なわれているかなり過剰と思われる防疫対策は必要がないと思います。ニワトリさんを健康に育てることこそが最大の防疫だと思います。

ただし、自分を守るためには最低限しておかないとならないことがあることも学びました。

ニューカッスル病が出た！——ワクチン接種は必要

養鶏を始めてちょうど10年目、急に死亡鶏が全体の20％くらいに上がり、産卵率も普段の30％まで下がってしまう大事件が起こりました。『原色ニワトリの病気』（農林水産省家畜衛生試験場監修・家の光協会刊）で調べたところ、死亡率や症状からニューカッスル病と考えられました。

本にはニューカッスル病の特徴として「食欲廃絶、沈うつ、嗜眠、肉冠・肉垂のチアノーゼ、開口呼吸、発咳、あえぎ、流涎、緑色下痢便などの症状を出し、急激な死亡の経過をとる。致死率は90％を超える。経過が長引くと、感染鶏は脚、翼の麻痺、首曲りなどの神経症状を示す」とあり、当園ではチアノーゼ（顔やとさかなどの血色が悪くなる）、流涎、緑色下痢便等の兆候が見られました。

養鶏をしている方はご存じのとおり、ニューカッスル病はニワトリの病気の中で一番恐れられているウイルス性の呼吸器病です。生存したニワトリが汚染源となってウイルスがはびこることを避けるために、飼っていたニワトリすべてを殺処分し、場内に穴を掘ってすべて埋却しました。半年間の休業でした。

それまではワクチンを一切使っていなかったのですが、この経験から、ニワトリはもちろん、風評から自分を守るためにもNDワクチン（ニューカッスル病ワクチン）を常に投与するようになりました。

その後、NBワクチン（ニューカッスル病・鶏伝染性気管支炎混合生ワクチン）に切り替えました（右下の写真）。このワクチンは、最近地域で問題になっているニワトリ伝染性気管支炎（IB）のウイルス対策にもなります。

投与の方法は、家畜保健衛生所は確実に抗体値が上がる点眼法をすすめますが、平飼いの場合1羽ずつ捕まえる作業が大変です。そこで私はワクチンを水に溶かして飲ませる「飲水方式」で行なっています。ただ、この方法だと抗体値が上がりにくいので、処方よりもワクチンの濃度を3倍くらい濃くして与えています。

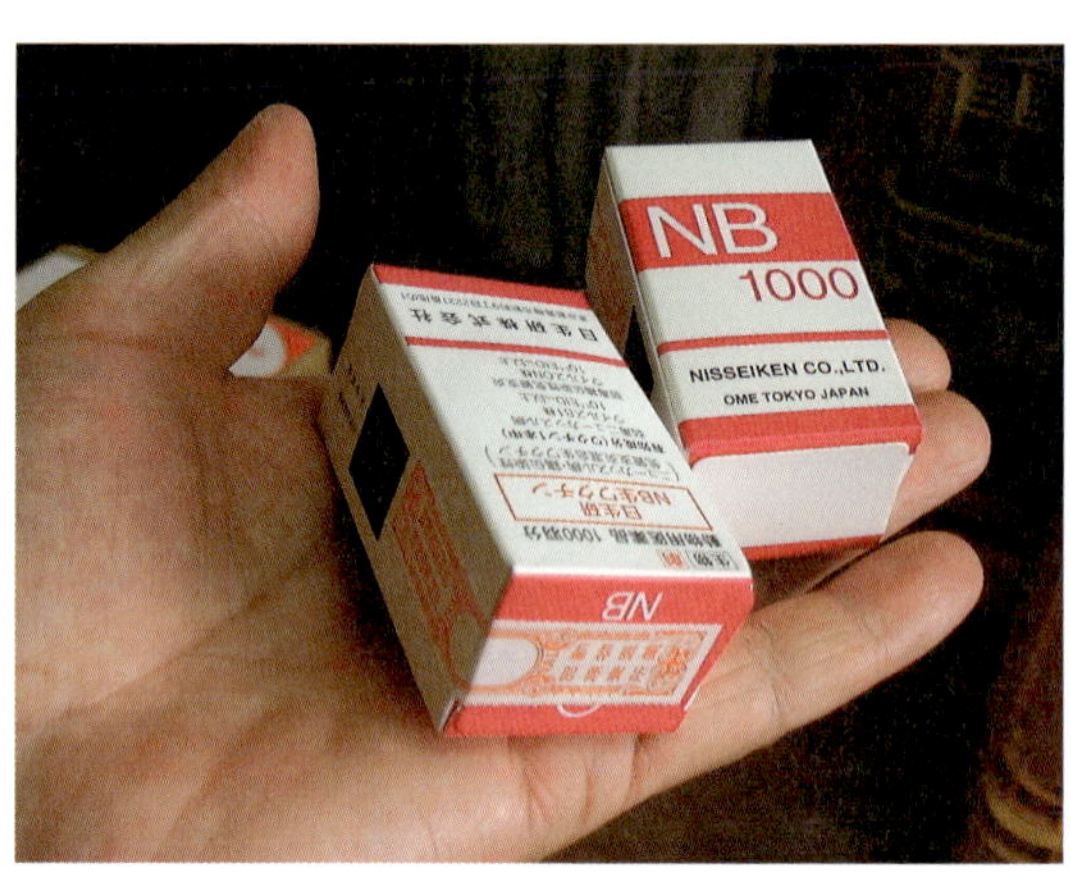

これがNBワクチン

近所で鳥インフルが発生！

2005年、茨城県を中心に鳥インフルエンザが発生。直線距離で1㎞しか離れていない養鶏場でもウイルスが発生していました。

これがきっかけとなり、家畜保健衛生所とのお付き合いが始まりました。鳥インフルエンザ発生時は昼夜の区別なく最新の情報をいただき、外来者を入れない、踏み込み消毒槽を設置するなど対策のアドバイスもいただきました。家畜保健衛生所は小さな農家であっても何でも相談ができる頼もしい機関だということを知りました。

鶏痘でニワトリの目が腫れた
——人間用目薬で早く治る

2008年の夏、目が腫れて開かなくなっているヒナがいることに気付きました。家畜保健衛生所に連絡するとすぐに来てくれ、その足で県の検査施設に病気のヒナを数羽持っていきました。

結果は鶏痘でした。他の群れではまったく発症していません。わが家で鶏痘が発生したのはこの1回だけなので、孵卵場がこの群れだけ鶏痘のワクチン接種を忘れたという可能性も否定できないと思っています。

検査の結果を受け、遅ればせながら鶏痘のワクチンを接種することになり

資金に余裕があれば鶏舎の周り全部に消石灰をまいたほうがより効果的だが、今は入り口付近に限って散布

ました。飲水方式と違い、鶏痘ワクチンは薬液を付着させた針を羽の薄皮に刺すという接種方法です。最初はうまくできず大変でしたが、家畜保健衛生所の職員の方の指導のおかげで技術を習得し、その後に導入したヒナからは自分ですべて接種しています。

家畜保健衛生所からは、鶏痘にかかると若干産卵率が下がるものの、そのうちに回復するので淘汰の必要はないと言われました。目が開かなくなったニワトリに人間用の目薬を差してあげれば早く回復するということも種鶏場から教わりました。

サルモネラの検査は毎年やる

食中毒を引き起こすサルモネラの発生は深刻な問題です。サルモネラ属菌は、大人のニワトリが保菌してもニワトリの健康には影響がなく、保菌しているかどうかは検査してみなければわかりません。

お客さんの中には卵のサルモネラ汚染を心配する人もいます。定期的に検査を受けて陰性であることを証明すれば安心してもらえます。私は家畜保健衛生所に頼んで毎年サルモネラの検査をしています。集卵のトレイ、作業台、撹拌機、エサ、休憩所、長靴、小屋ごとに産卵箱、止まり木、床の糞、金網のホコリなどあらゆる所から試料を採取して検査します。

もちろんうちでは一度も陽性になったことがありません。小羽数の平飼い養鶏は、ニワトリのストレスが少なく微生物いっぱいの環境なので、サルモネラは検出されにくいそうです。わが家の場合、エサを発酵させるための納豆菌も有効に働いているのではないかと思います。

踏み込み槽は汚れやすい ――平飼いなら消石灰散布

鳥インフルエンザ対策の際、鶏舎入り口に「踏み込み消毒槽」を設けるように指導を受けました。実際に一度設置してみたのですが、平飼い養鶏は床が発酵床ですし、鶏舎の間の通路も舗装ではありません。歩き回って泥だらけになった靴で踏み込み槽に入ると1回で消毒液が汚れてしまいました。これでは消毒効果が下がってしまいます。

そこで私は通路と入り口付近に消石灰で消毒エリアを設けました。石灰がウイルスの殻を破壊するので、効果的なウイルス対策になります。消石灰は粒状タイプが風や雨で流れにくいのでおすすめです。

殺虫剤いらず

「珪藻土水」で鶏舎のワクモを一網打尽

大阪府河南町●田中成久

ワクモに刺された！痛くて眠れない

タナカファームは大阪の南部で1500羽の鶏を自然卵養鶏で平飼いしている小さな養鶏場です。

平成22年ころのある日、突然お腹の周りに赤い発疹ができて熱い、かゆい、猛烈な痛みで夜も眠れないほどでした。病院に行っても原因がわからず、なかなか治りませんでした。いろいろ調べた結果、ワクモに刺されたのだと、初めてわかりました。

ワクモとは、ニワトリを好む寄生虫で、別名はニワトリダニ。梅雨から晩秋の、暖かくて湿度が高い時期に増え、ニワトリの血を吸います。ワクモに寄生されたニワトリは、かゆくて眠れず、とくにヒナは、血を吸われると貧血で死んでしまうこともあるというのです。数が少ない間は人に害はありませんが、鶏舎で飽和状態になると、人をも吸血することがわかりました。

暗くてじめじめした狭い場所を好むようで、観察すると止まり木の隙間などにうじゃうじゃいました。

産卵箱の隙間にセットしている木にいっぱいワクモが！ニワトリの血を吸って赤い体をしている

ニワトリのことを考えると、農薬や殺虫剤は使用できません。木材やコンパネでつくった産卵箱にクレオソート（防腐剤）を塗りましたが、あまり長くは効きませんでした。

珪藻土でワクモをやっつける

困っていたときに、「昭和化学工業」から、珪藻土の散布試験をさせてほしいと問い合わせがありました。

珪藻土は植物性プランクトンの化石を砂状にしたもの。珪藻土がワクモの卵や体に付着するとに傷が付き、48時間以内に死んでしまうというのです。

試験を快諾し、さっそく珪藻土を水に溶かして散布しました。確かにワクモに効果はありましたが、以下の改善点がわかりました。

・100Vの家庭用動噴では、ポンプの能力が低く、散布に時間がかかる

・珪藻土で動噴のノズルが削られて穴が大きくなり、細霧にならなくな

動噴で隙間なく珪藻土水を噴霧。珪藻土は昭和化学工業の害虫防除用天然環境制御資材「バグフィクサー」を使用（20kg6,000円）。動噴のノズルチップはセラミック。動噴は初田工業の「セラミックプランジャーポンプ、SEW4520BS」を愛用

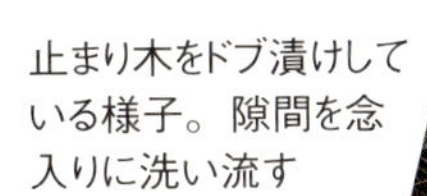
止まり木をドブ漬けしている様子。隙間を念入りに洗い流す

珪藻土水が乾いて白くなった産卵箱。珪藻土でコーティングされ、ワクモの被害は格段に減る

る。珪藻土の粒子が粗くてノズルが詰まる
・珪藻土はどんなに撹拌しても水に溶けない。すぐに沈殿するので使うときは撹拌し続けなければいけない
・動噴のバルブが珪藻土で固着する

後日、昭和化学が珪藻土を細かい粒子に改良。また、「初田工業（株）」が珪藻土をまくための給水バイパス方式の動噴を開発しました。この動噴は、珪藻土水をポンプ内部に循環させるしくみで、珪藻土の沈殿および部品の固着を防ぐようにつくられています。

動噴とドブ漬けで完璧コーティング

ワクモの発生サイクルは約1週間。梅雨前に1回目の噴霧処理をしてから、1週間に1度、全部で3回すれば、ワクモ被害はほぼ防げます。

珪藻土水は水に対して珪藻土が10%と濃いめにつくります。こうすると、鶏舎が珪藻土水でコーティングされます。ワクモの体を傷つける珪藻土が待ち受けトラップになり、ワクモ退治にかなりの効果が持続します。

現在は、鶏舎の取り外せない部品には動噴で珪藻土水を噴きかけ、取り外せるものは、2tのタンクにつくった珪藻土水に部品ごとドブ浸けしています。

浸け洗いした後の珪藻土水は、珪藻土の沈殿を待ち、ワクモの死骸が混ざった上澄みを捨てます（捨てないと、ワクモが吸った血で血生臭い）。次に使うときは、そこへ水を加えます。

珪藻土を使うときの注意点

・珪藻土は撹拌しながら使う。珪藻土が沈殿したまま使うと、機械が詰まったり壊れたりする
・作業終了時は、動噴内に清水を循環させ、必ず洗浄する
・珪藻土は砥石の微粒子みたいなもの。散布用ノズルのチップは必ずセラミック部品を使う。また、ノズルチップ、散布ノズルのストップバルブ、ポンプの圧力調整バルブのシートが金ノコギリで切ったような減り方をするので、予備部品を用意する
・動噴で散布する場合、目に入るとめちゃくちゃ痛いので、ゴーグルをする

ニワトリはどうやって入手する？

まとめ●編集部

ヒヨコは販売期間が限られていることが多い（春・秋など）。すぐに買えなくてもあせらず、インターネット等で情報を集めたり、近くの販売業者や養鶏場などに問い合わせをするなどしてみよう。おもな入手先は次の通り。

・ペットショップ、ホームセンター

大きなペットショップやホームセンターのペットコーナーでは、ニワトリやヒヨコを扱うことがある。店頭で見つけられなくても、お店の人に聞くと、入荷時期を教えてもらえることがある。

・インターネット通販、ネット掲示板

個人同士でニワトリの譲渡を行なうためのネット掲示板もある。

・近くの養鶏場

ヒヨコを仕入れるときに分けてもらえるところや、廃鶏を販売してくれる養鶏場もある。

・種鶏場、孵卵場

ヒヨコを生産する農場。初生ビナなどを養鶏業者向けに販売。最低ロットが20羽以上など規模が大きいことが多い。

・有精卵を孵化させる

販売されている有精卵を、孵卵器などで孵化させる方法もある（66ページ）。

ニワトリのヒナ、成鶏を販売しているところ（編集部調べ）

名称	取り扱い内容	連絡先
アライふぁーむ	白ウコッケイ、黒ウコッケイ、アローカナ、岡崎おうはんのヒナ、有精卵、成鶏を販売。ホームページで在庫をチェックの上、メールかFAXで申し込みを。来店での引き渡しのみ。	〒368-0023 埼玉県秩父市栃谷1番地 FAX 0494-23-9384 HP http://www.chichibu-net.co.jp/hina.htm
小松種鶏場	純国産鶏の岡崎おうはん、純国産鶏のあずさ、名古屋コーチン、岡崎アロウカナのヒナを販売。小羽数の場合は現地引き取り。発送は20羽以上。問い合わせ、注文はFAXか電話で。	〒390-0841 長野県松本市渚3-6-19 TEL 0263-24-0151　FAX 0263-24-0152 HP https://komatsu-hiyoko.sakura.ne.jp/
とりっこ倶楽部ホシノ	独自品種の一黒シャモ、アローカナクロス、ホシノブラック1のほか、ウコッケイのヒナを販売。ホームページから問い合わせ、注文可能。	〒427-0007 静岡県島田市野田100 TEL 0547-36-2511　FAX 0547-36-2513 HP https://torikko.com/
㈱後藤孵卵場	純国産鶏さくら、もみじの初生ヒナを販売。取りに来られる方は小羽数でも販売可。	〒509-0108 岐阜県各務原市須衛町4丁目291 TEL 058-370-1510 HP http://www.gotonohiyoko.co.jp/
関戸養鶏人工孵化場	名古屋コーチンのヒナを販売。取りに来られる方は5～10羽単位で購入可能。地方発送の場合は、最寄りの空港止めで、購入は20羽以上。電話で問い合わせを。	〒482-0036 愛知県岩倉市西市町無量寺13 TEL 0587-37-0369 HP https://sekido-hatchery.jp/
ピーチクパレス	ボリスブラウン、チャボ、ウコッケイ等のヒナ、成鶏を販売。発送は基本的に空輸のみ（空港受け取り）。ホームページで在庫や注意事項を確認の上、問い合わせは電話で。	〒840-0036 佐賀市西与賀町大字高太郎1938-1 TEL 0952-29-5733 HP http://xn--pckuaw9dm1mme.com/

上記の内容は2025年時点のものであり、内容は変更になる場合があります。

ニワトリを食べる、卵を食べる

元気に育ってくれたニワトリを最後にいただくのも、
庭先養鶏の醍醐味。
さばき方のコツや、お肉や卵を無駄なく
おいしく食べるレシピを紹介します。

ニワトリから極旨ラーメンができるまで

群馬県高崎市●新藤洋一

写真＝田中康弘

私は平飼いの廃鶏をスープの材料にしたラーメン店「地鶏ラーメン自給屋」を経営しています（現在は閉店）。

もともと自分で飼っているニワトリをさばいて、そのガラでラーメンスープをつくっていました。家族や知人にも評判がよく、自分でも納得できる味だったので、ラーメン屋を開業することにしたのです。

ラーメン店でスープの材料に使うニワトリには大きく分けて「若鶏」と「親鶏」があります。若鶏よりは親鶏のほうがよいだしがとれますが、一般的に出回っている親鶏は、ケージ飼いです。ワクチンや抗生物質が与えられ、飛び回ることもできない環境で育ったニワトリは、とても「健康」とはいえません。スープにくさみや濁りがあります。

それに比べて平飼いのニワトリでとったスープは本当にいい香りがして、すっきりと飲める味です。伸び伸びできる環境、安全なエサで健康に育ったニワトリからこそ「旨いだし」が生まれると実感しています。

絶品鶏料理

ヒネ鶏のもも肉を炭火で焼く。育ち盛りの3人の息子たちの大好物。若鶏に比べると硬いが、噛めば噛むほど味わいがあって旨い

絶品卵かけご飯にむね肉のハンバーグ。ニワトリの更新時（2年前後育てて一度に20～30羽さばく）には、肉団子、唐揚げ……と、新藤家の「鶏祭り」が続く（一部は冷凍保存）

店用の鶏ガラは県内の食肉処理場から平飼い養鶏の廃鶏を購入。内臓を抜いた冷凍丸鶏を使用。店では鶏ガラのほか、昆布と豚骨、煮干しを加えて6時間煮込んでスープをとる

飼育するのは48羽のネラ種。物音にもあまり驚かず、飼いやすい。エサは米ヌカとおから、カキガラ、小麦、緑餌のほか、店と家の残飯も

放血で汚れない ニワトリの さばき方

首の関節の抜き方

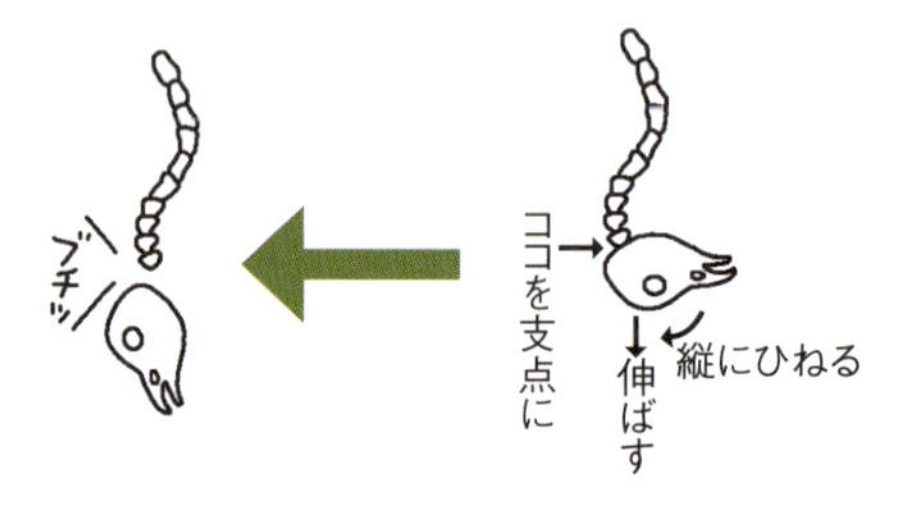

首の付け根部分（右手の人差し指を当てる）を支点にニワトリのくちばしが脳天に向く方向へと縦にひねりながら、頭蓋骨を引っ張ると「ブチッ」と首の関節が抜ける感覚がくる

＊首を横にねじるのではない（ねじると360度以上回転する）
＊平飼い品種の雌鶏ならどれでもできるが、首が硬い雄鶏は不可

ニワトリを締める

左手で足をつかみ、右手で頭と首の付け根をつかんで引っ張り、関節を抜く。首を切らないので、放血で汚れることがない

しばらく羽をバタバタさせて痙攣するので、2分くらい足をつかんで逆さにしたあと、ヒモで吊るす

毛をむしる

1 10分ほど逆さに吊るしたら、沸騰させたお湯に入れて10秒数える

2 毛穴が開くので、冷めないうちにタオル等で素早く毛をむしる

足を外して皮を剥く

足（モミジ）の関節を横にへし折り、皮と筋を切ってを外す

モミジはお湯に20 ～ 30秒ほど浸けると、皮も爪もスポッと剥けて、足裏についた糞などを取り除ける

手羽とももを外す

手羽の脇を引っ張り、関節に切れ目を入れて外す

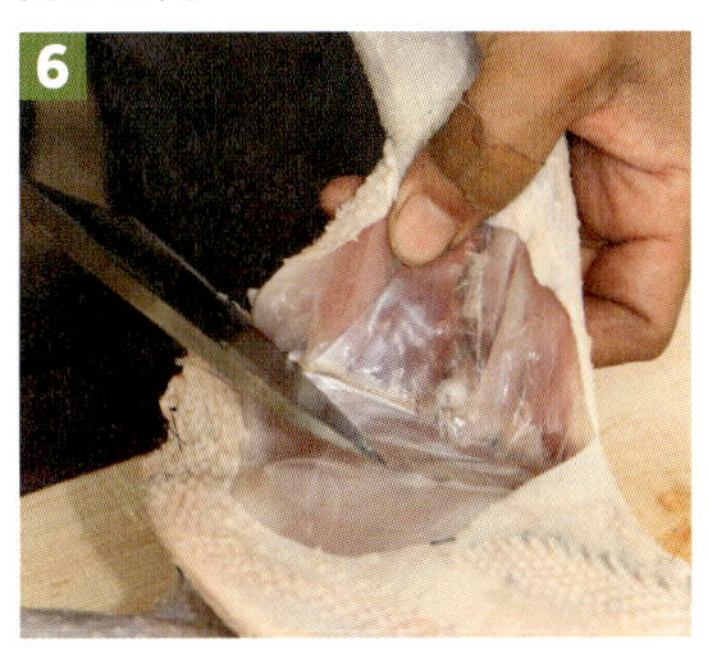

ももの股関節を広げながら、骨盤に沿って付け根の肉とスジを切る

むねとささみを取る

さきほど手羽を外した切れ目に人差し指を入れつつ、骨にくっついているスジを切ってむねを外す

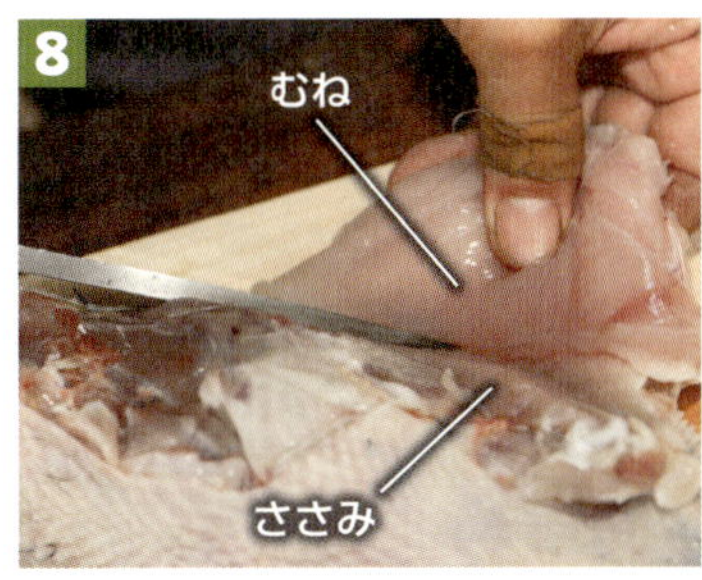

7のアップ。むね肉の内側についているささみもスジに沿って切ってはがす

頭を落とす

胴と首の付け根の皮に切れ目を一周入れる

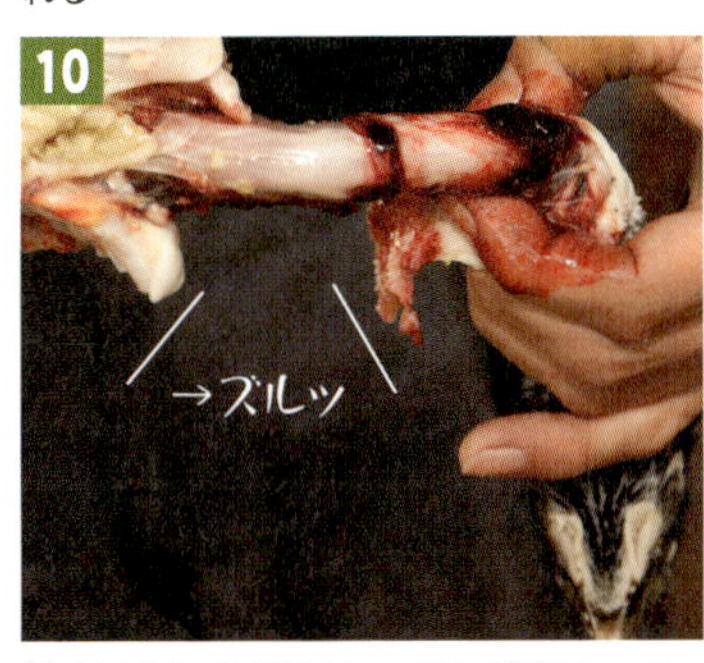

首より上に血糊になって血が溜まっている。首の皮を手でズルッと剥くと、（首との関節が外れた）頭ごと抜ける

内臓を取り出す

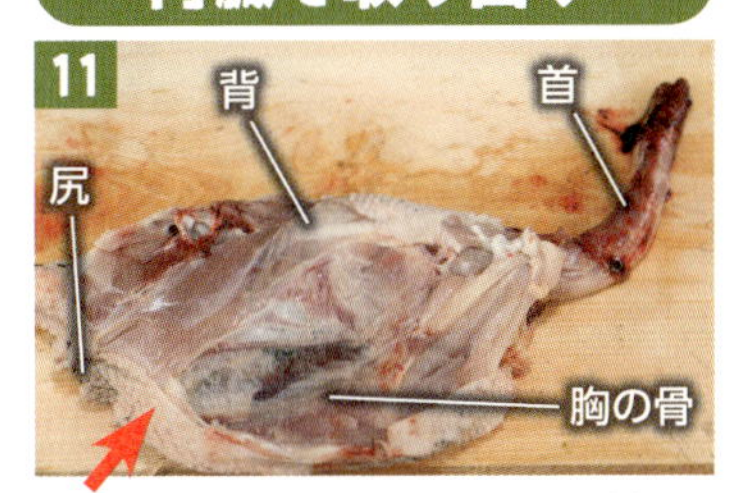

手羽、もも、むね、ささみ、頭を外した状態

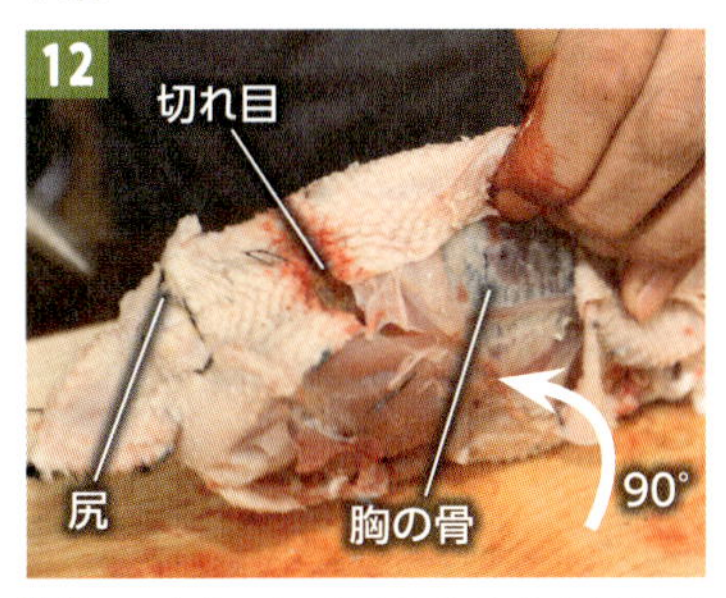

11を90度起こして尻の方向から見た状態。胸の骨の上に切れ目（11の矢印部分）を入れる

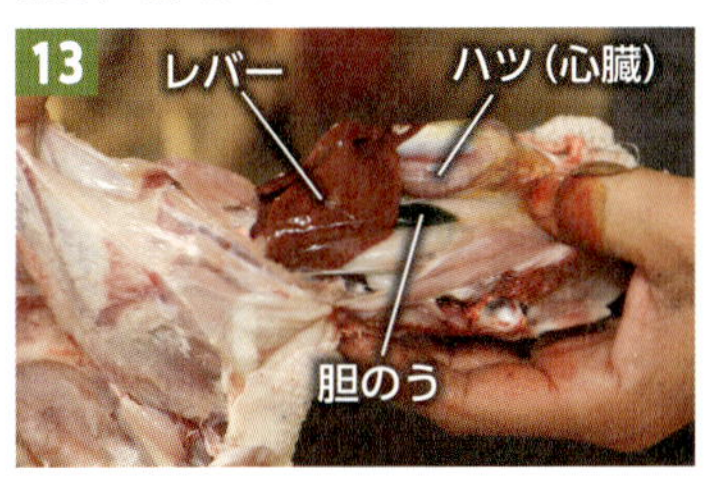

切れ目に両手の親指を入れて、胸を手で割り開き、内臓を取り出す（胆のうは潰さないように注意して捨てる）

取り出した内臓。今回、いじめられて卵を産んでいないニワトリをさばいたので、卵巣がなかった

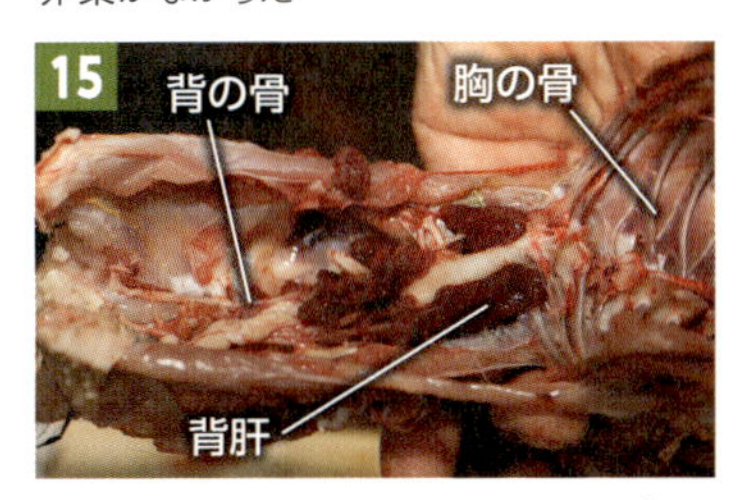

最後に、背の骨にくっついている背肝（腎臓）も手でかきだす

解体後。左の肉や内臓は調理して食べ、右の鶏ガラをスープにする

自家製鶏ガラスープで絶品ラーメン

うまくスープをとるコツは、鶏ガラを隙間なく鍋に敷き詰めて、水をヒタヒタに入れること（水が多すぎるとスープが薄くなる）。今回さばいた500g分のガラに、冷凍保存しておいたものも加えて約2kgの鶏ガラ。2.5ℓの水を加えて2時間煮込み、2ℓのスープを濾しとった

完成した鶏ガラスープ。成熟したヒネ鶏のガラなので、旨みが深い。醤油ラーメンの場合は、スープ1人前400ccを鍋に入れ、うすくち醤油（なければこいくち醤油）30ccと酒少々を加えて火にかける。塩ラーメンの場合、スープ400ccに対して，塩約5g（スープの1.2%）と酒少々で味つけする

国産小麦100%の麺と自家製チャーシュー入りの極旨醤油ラーメン。さっぱりとしたニワトリの脂が体にしみる

骨格を覚えればかんたん！

ニワトリのさばき方のコツ

京都府亀岡市●原田貞藏さん

写真＝田中康弘

ニワトリをわが家で育てたら、感謝を込めて、自分でさばいて食べたい。でも、慣れないうちは、どこをどう切ったらいいのかわからず苦労することも。

そこで、ニワトリのさばき方の勘所を、ベテランの原田貞藏さんに教わった。ニワトリの骨格が頭に入っていると、コツをつかみやすいという。

※取材では、原田さんの友人の並河秀行さんが飼う横斑プリマスロックの老鶏（約21カ月齢）を解体させてもらいました。

原田貞藏さん（64歳）。ニワトリの解体が丁寧で上手と近所でも評判。知り合いから解体を頼まれることも多い

血抜き

1

ニワトリは、内臓にエサを残さないように前日から絶食させておく。作業を始める前に、暴れないように両方の羽のつけ根と両足をヒモで一つに縛っておく

2

頭の骨と首の骨の境目にある頸動脈を手で探り当て、包丁やナイフで切る。血が勢いよく出てくればOK

＊首を切り落とすと気管まで切ってしまい、呼吸が止まって心臓が停止し、血が抜けにくくなる

3

ニワトリを逆さにして持ち上げ、首を上げて切り口を開き、体全体の血を出す。2分ほどたって血がほとんど出なくなれば完了

動画でもっとわかる！

原田さんの解体方法を動画で詳しく紹介しています。記事と合わせてご覧ください（スマホで下のコードをスキャンすると動画が見られます）。

ニワトリを70度くらいの湯に少し浸けると羽が抜けやすくなるが、数が少ない場合は、湯浸けなしで抜いたほうが手間がかからない

羽を親指と人差し指でつまみ、毛の流れと反対方向にちぎるようにすると抜けやすい。リズミカルに作業すれば1羽当たり10分程度で終わる

＊翼部分の大きな羽は抜けにくいので、1本ずつ力を入れて抜く

毛焼き

皮の表面には細い毛が残っている。せん定枝やむしった羽などを燃やして火をおこし、ニワトリの姿勢を変えながら体全体を軽くあぶって毛を焼く

米ヌカをゴシゴシすりつけて表面の汚れを落とし、水でよくすすぐ

＊このとき、肛門の周りを圧迫してウンチを出しておく

解 体

もも肉を体から外す

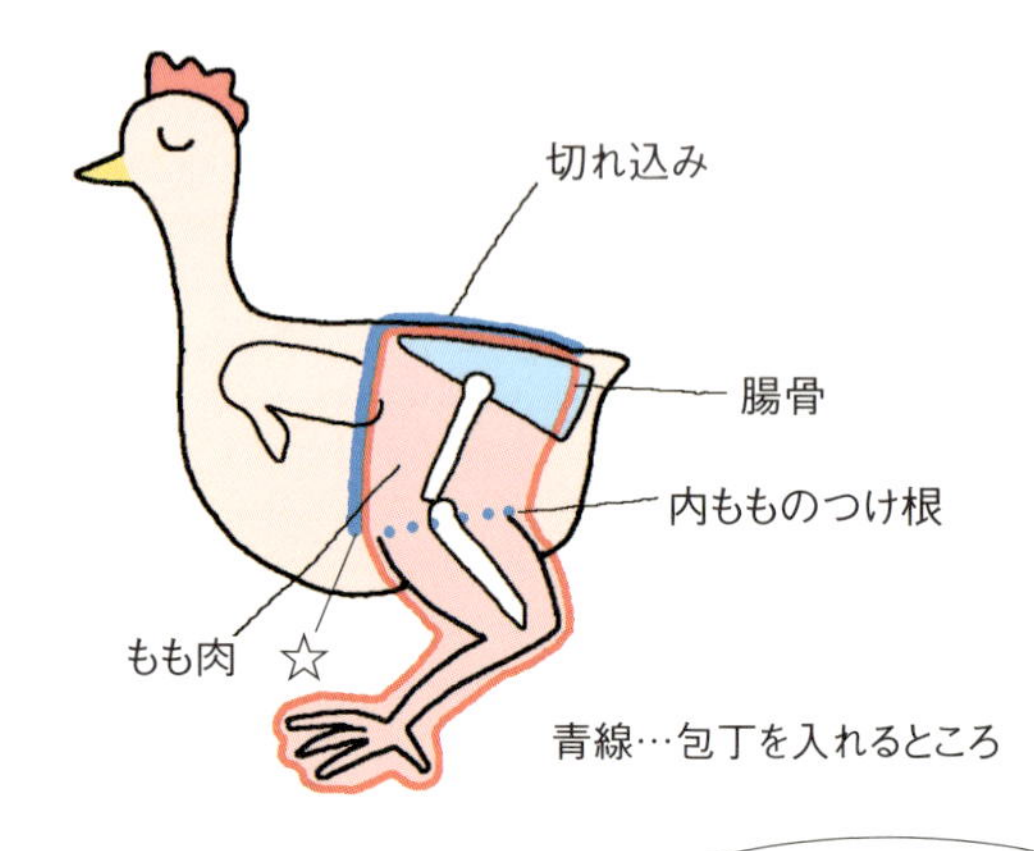

ニワトリの骨格図

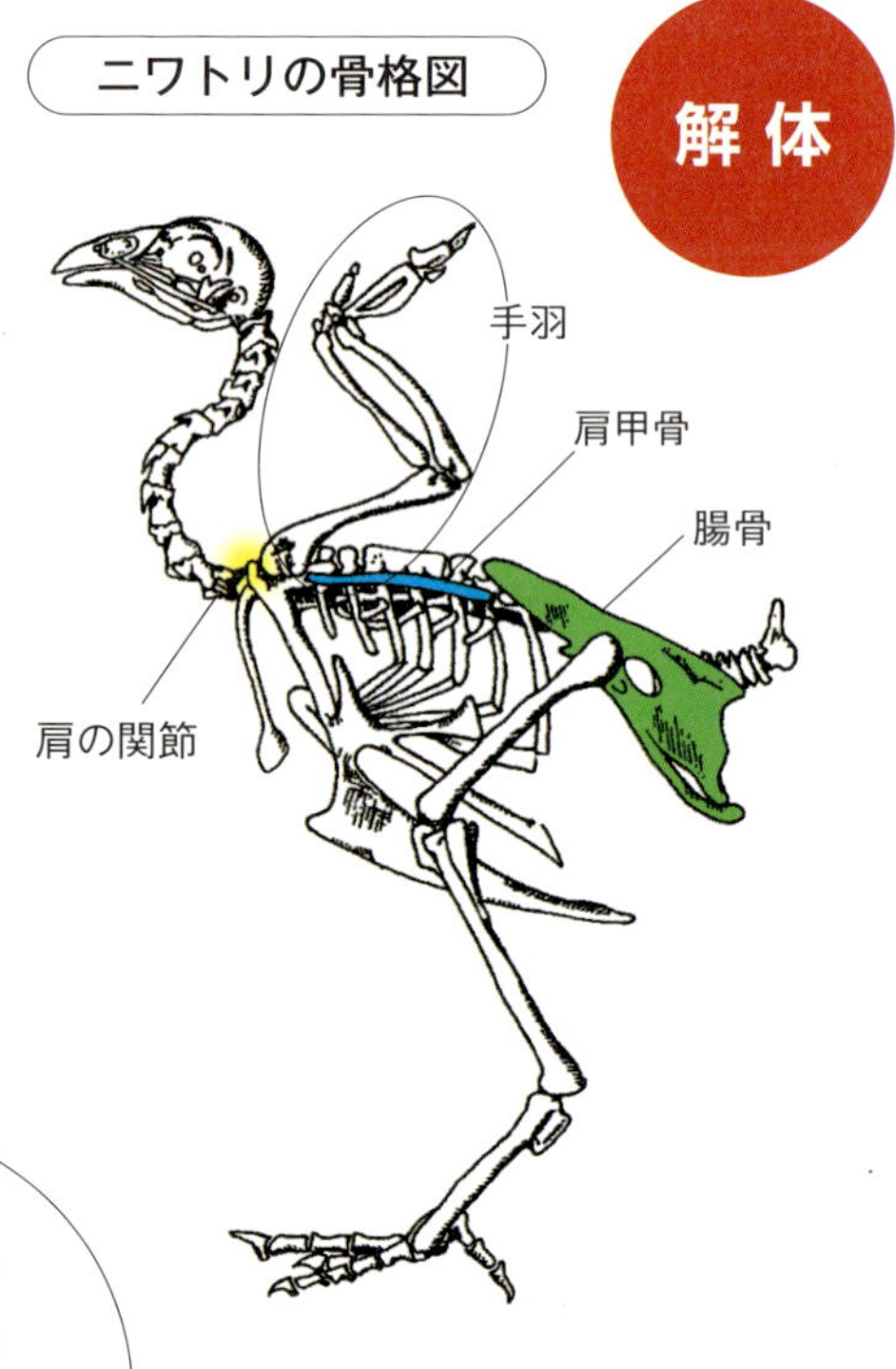

＊『新版 家畜飼育の基礎』より

解体は、筋肉と骨との間を外していく作業です。ニワトリの骨格が頭に入っていると、どこに包丁を入れたらいいか自然とわかってきます。何度も経験するうちに勘がつかめますよ

むね肉・手羽を体から外す

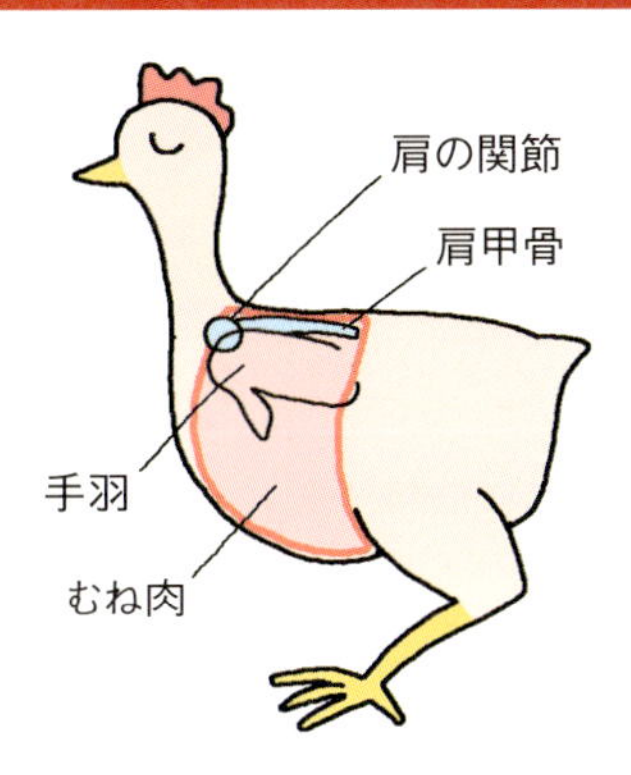

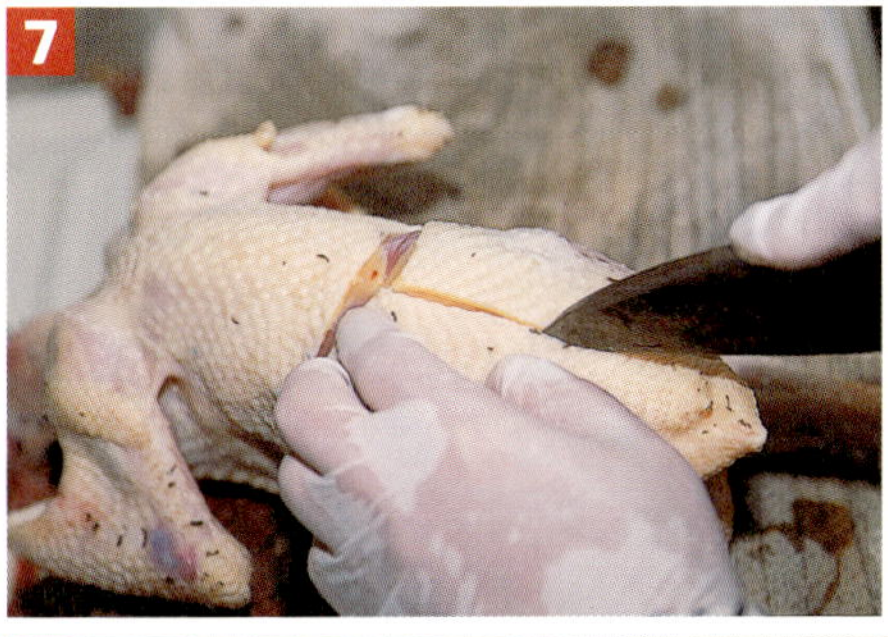

もも肉がきれいに外れるように、ももの筋肉に沿って背中の皮にT字の切れ込みを入れる。まず、ももの出っ張り（右下図の☆）を結んだ線を横一文字に切り、背中の中心から尻まで縦に切る

＊切るのは表面の皮だけ。内側の肉まで切らないように注意

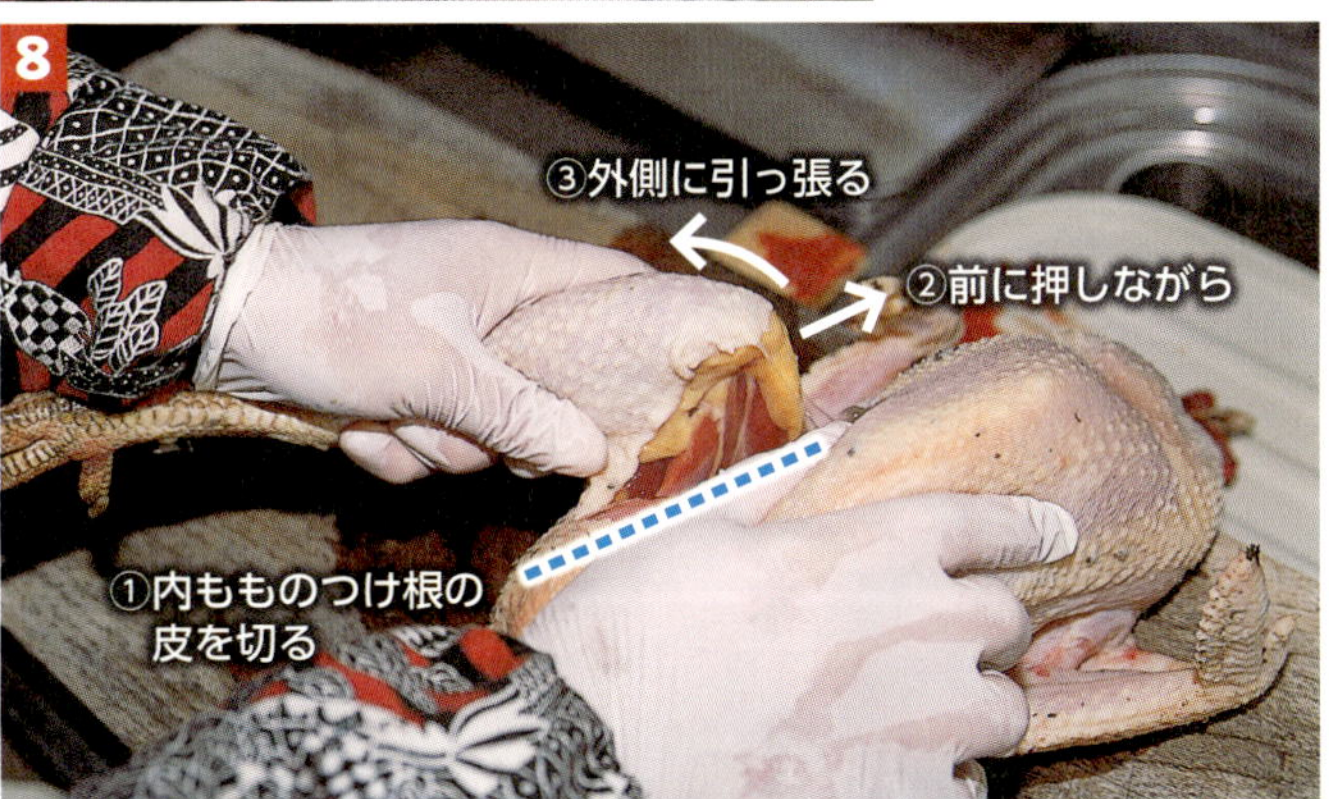

体を上下反転させ、ももの内側のつけ根の皮を縦に切る（青点線）。足を前（頭のほう）に押しながら外側にぐっと引っ張ると、関節がポキッと外れて足が大きく開く

＊内ももの切れ目は背中に向かって広げていき、背中の横一文字の切れ込みまでつなげる

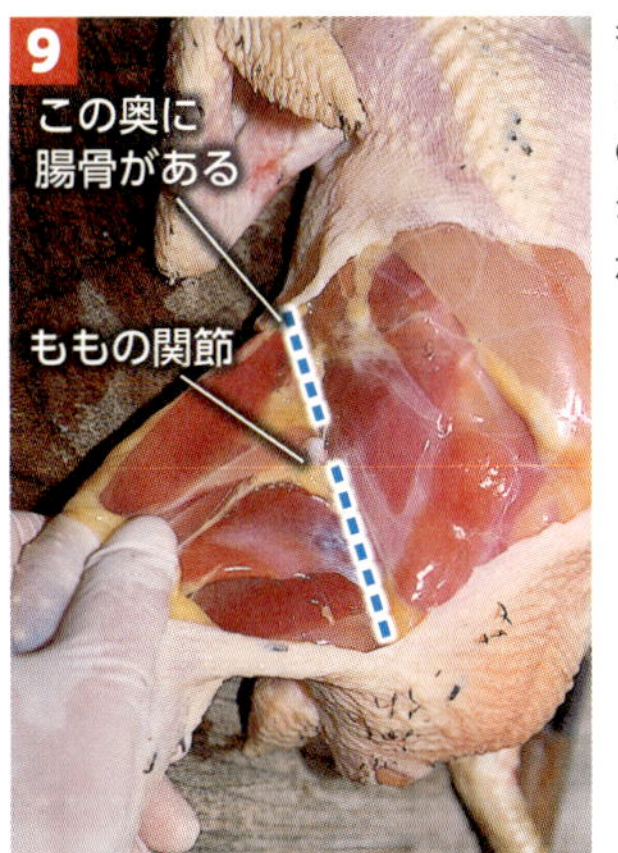

もものつけ根の奥に骨（腸骨）がある。その骨の外側に沿って包丁を入れていき、骨から肉をはがす

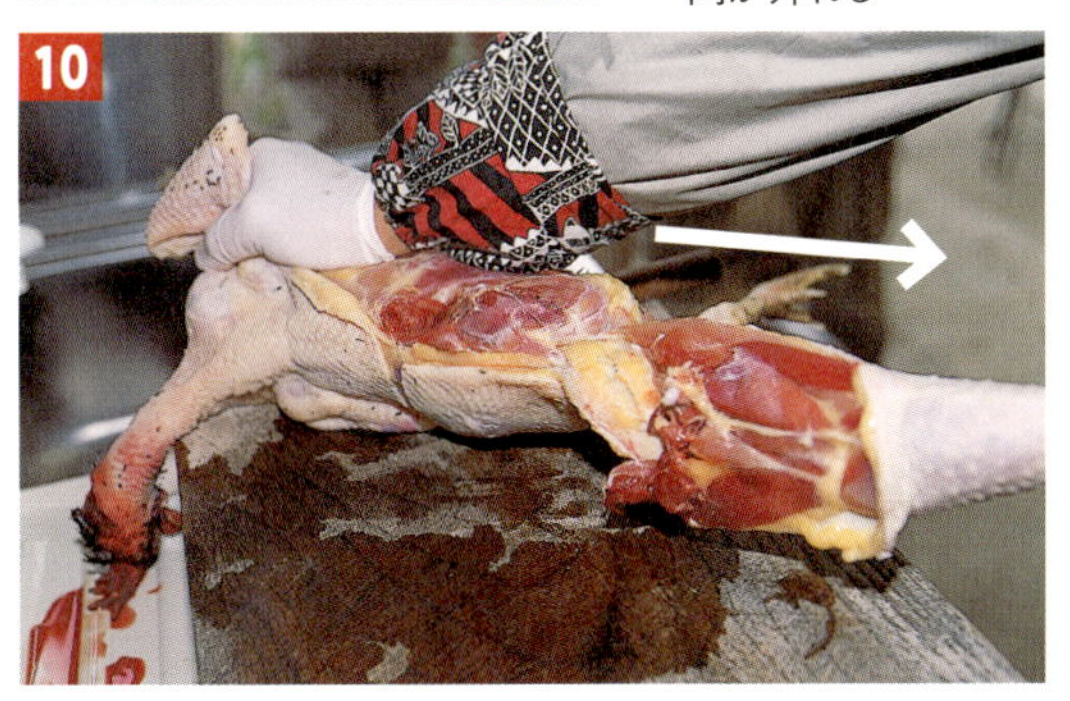

右手で手羽をしっかり持って、左手でももを後ろ方向に引っ張ると、きれいにもも肉が外れる

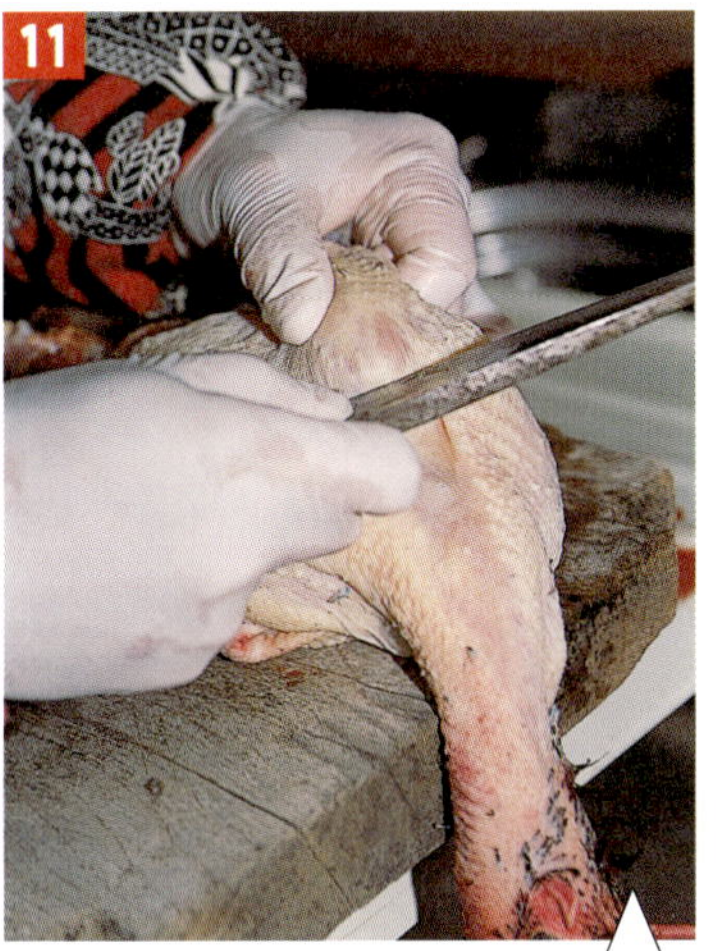

肩のつけ根の出っ張り（肩の関節）を探って、包丁を入れる（関節を外す）

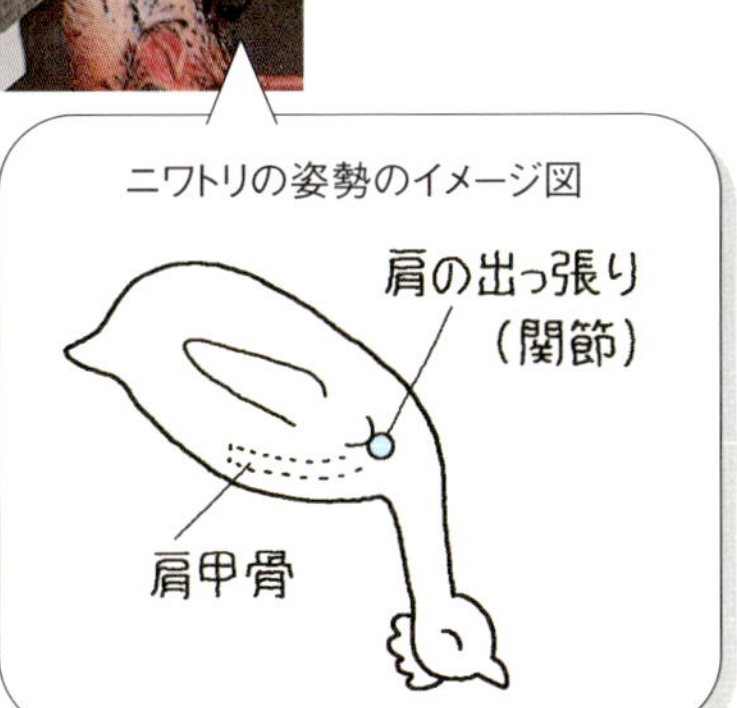

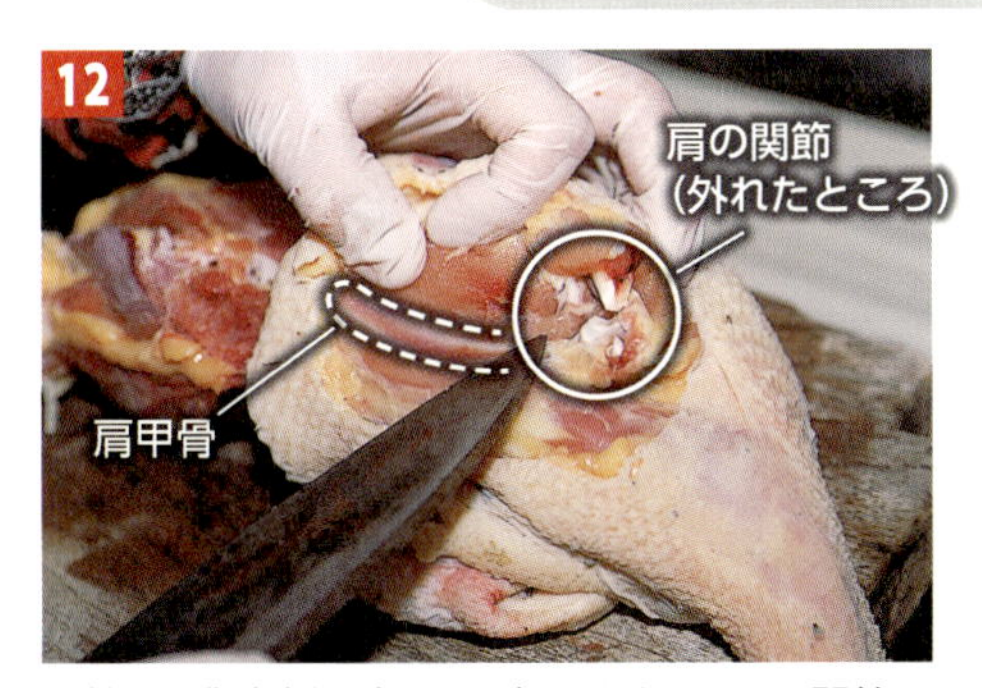

関節から背中側に向かって包丁をすべらせ、関節につながっている肩甲骨まで露出させる

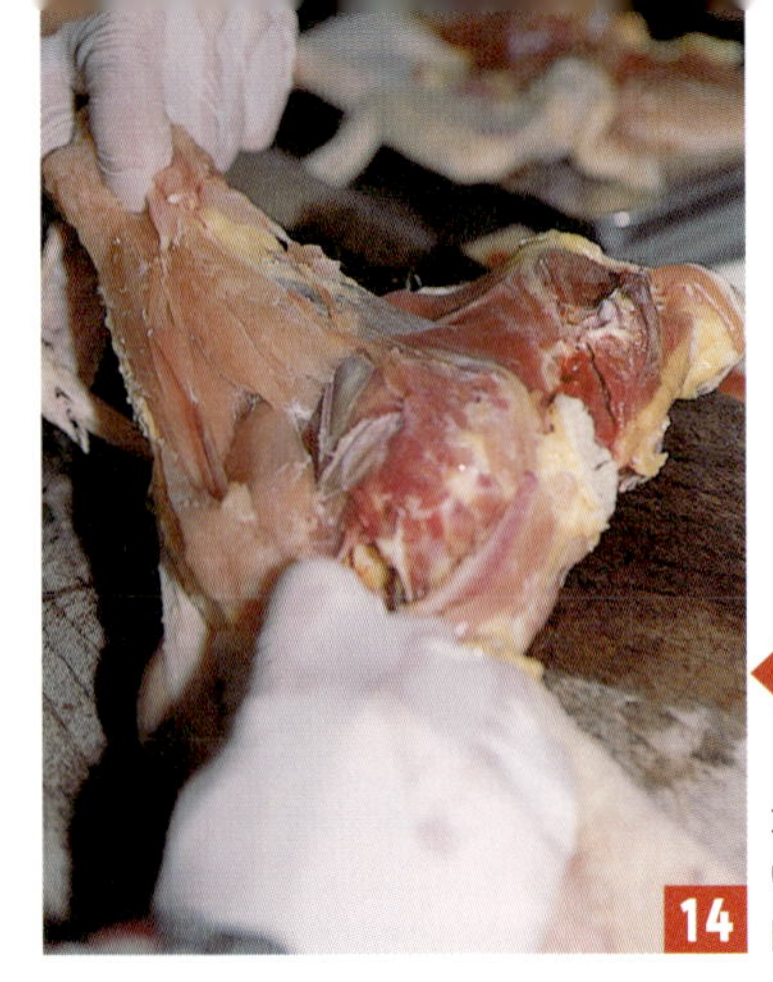

左手で腕の骨を力いっぱい後ろに引っ張ると、むね肉と手羽が体から外れる

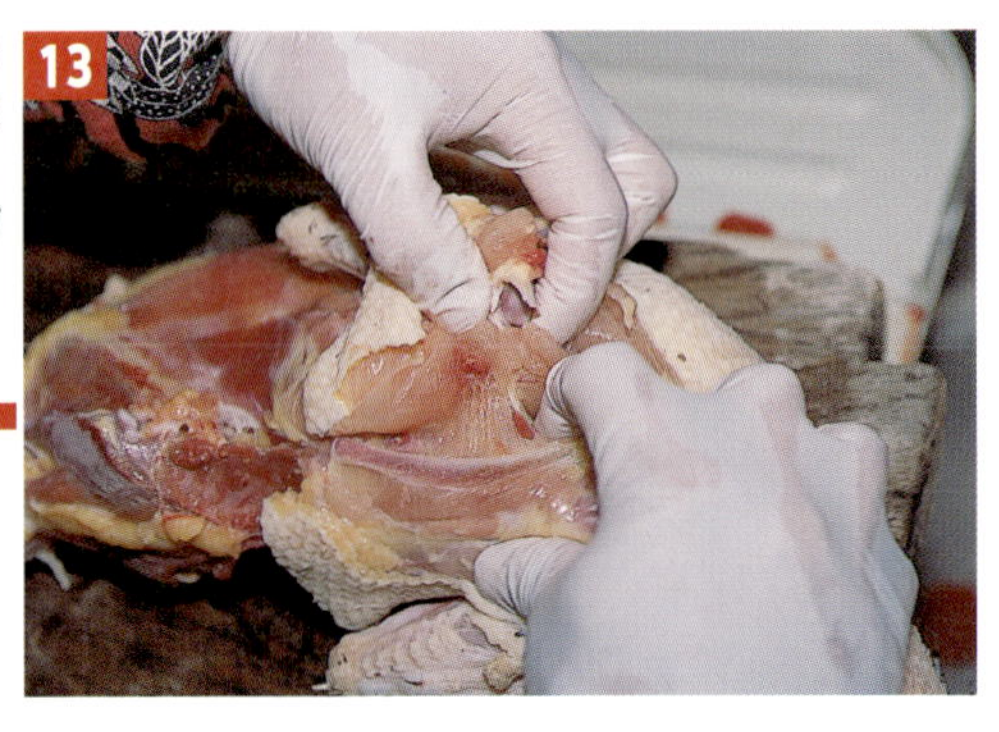

外した関節の間に両手の人差し指を入れ込む。左の人差し指を腕側の骨に、右の人差し指をもういっぽうの骨に引っ掛ける

内臓を取る

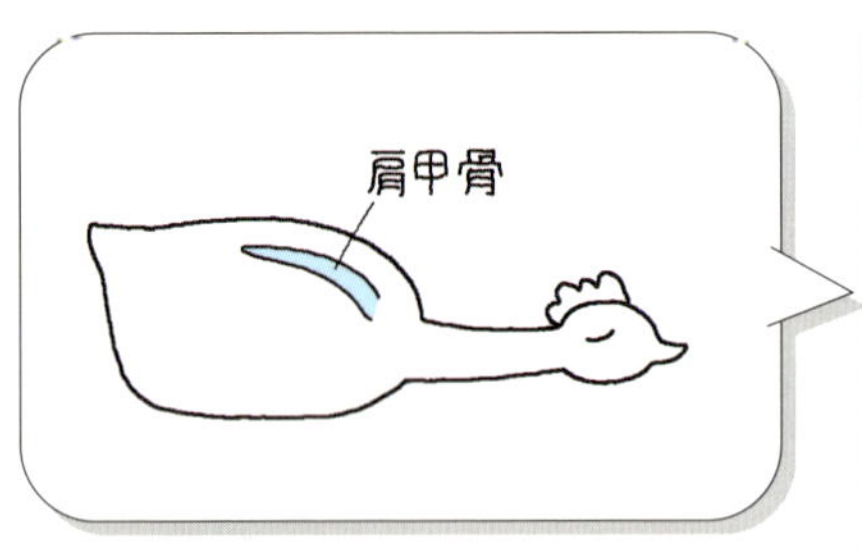

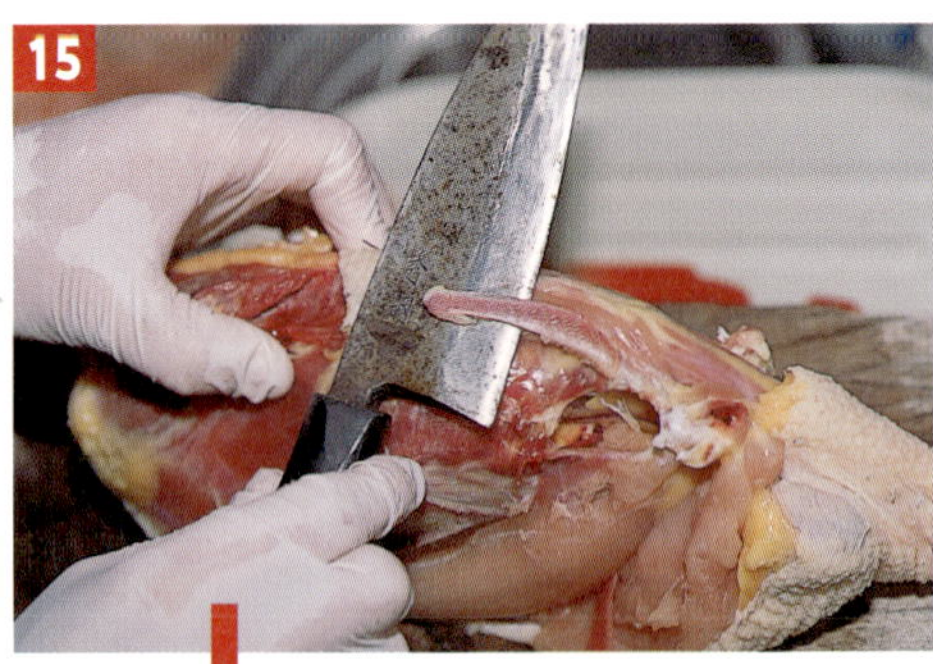

肩甲骨の下に包丁を入れて、肩甲骨を肉から外す

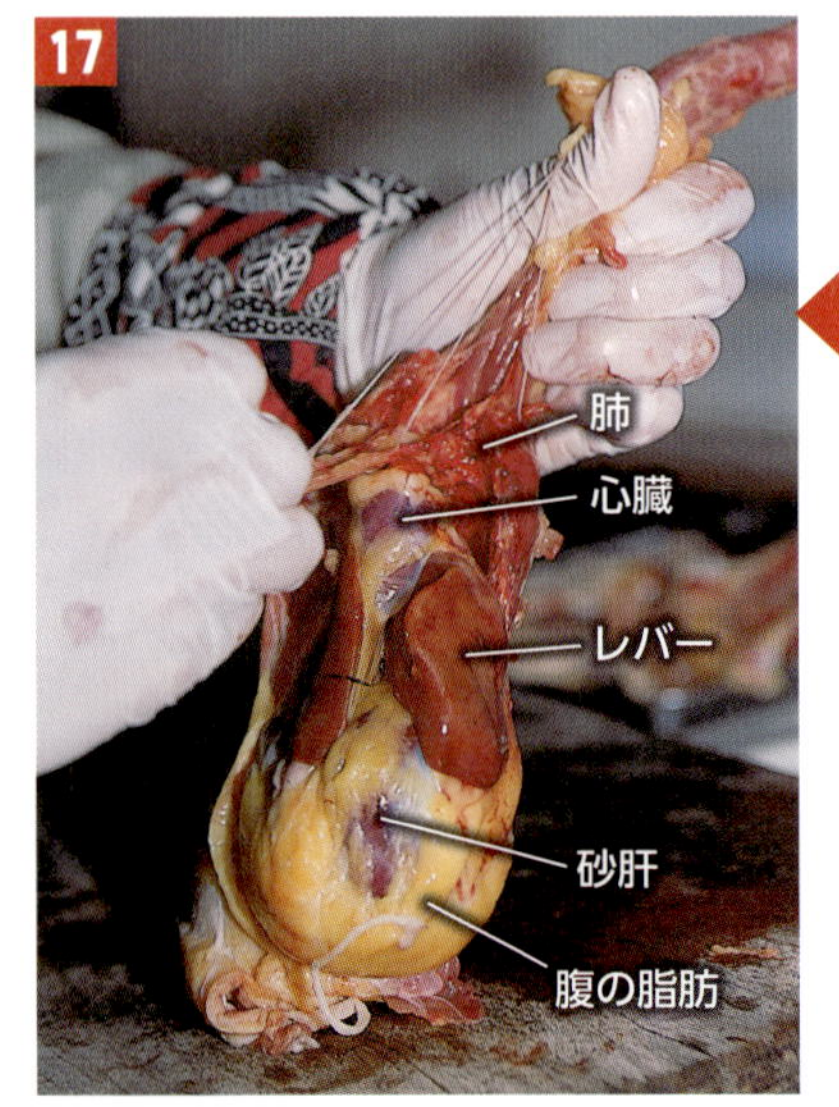

内臓を正面から見たところ。レバー（肝臓）、ハツ（心臓）、砂肝、腹の脂肪など、食べられる部分を外す

*このほか、タマヒモ（輸卵管）、キンカン（卵黄）も食べられる

ニワトリの体を起こす。左手で首の付け根をしっかり持ち、右手で両側の肩甲骨のつけ根を喉側からつかんで、正面に引っ張る。肩甲骨につながっている胸の骨が外れて、内臓が現われる

背中側
内臓
ささみ

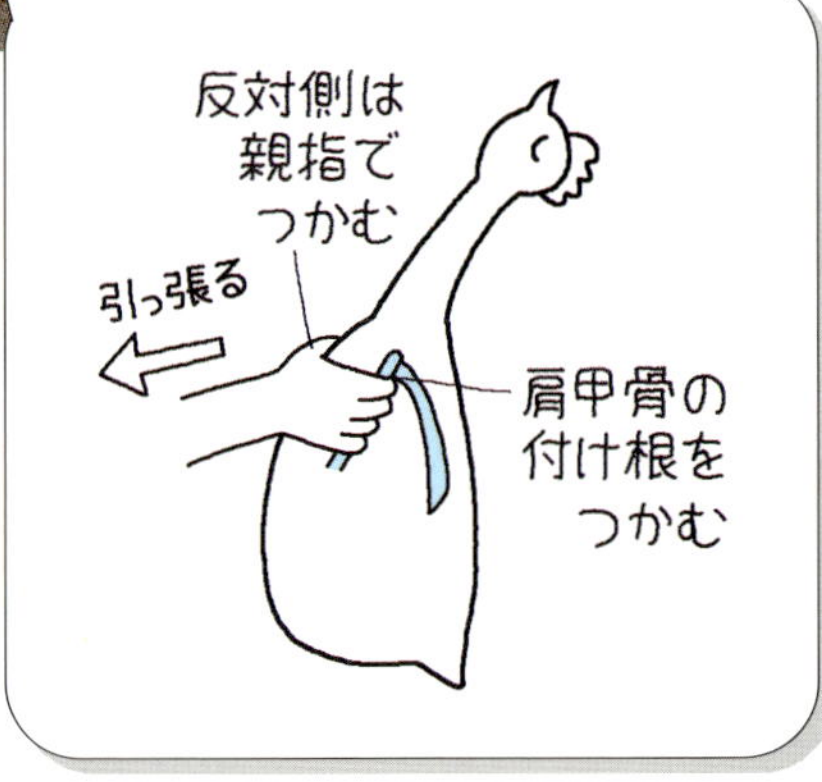

内臓を外すときは、なるべく包丁ではなく手を使う。包丁を使うと、慣れない人は内臓を破ってしまうことがある。消化管の中身はくさいので破ると肉にニオイがつく

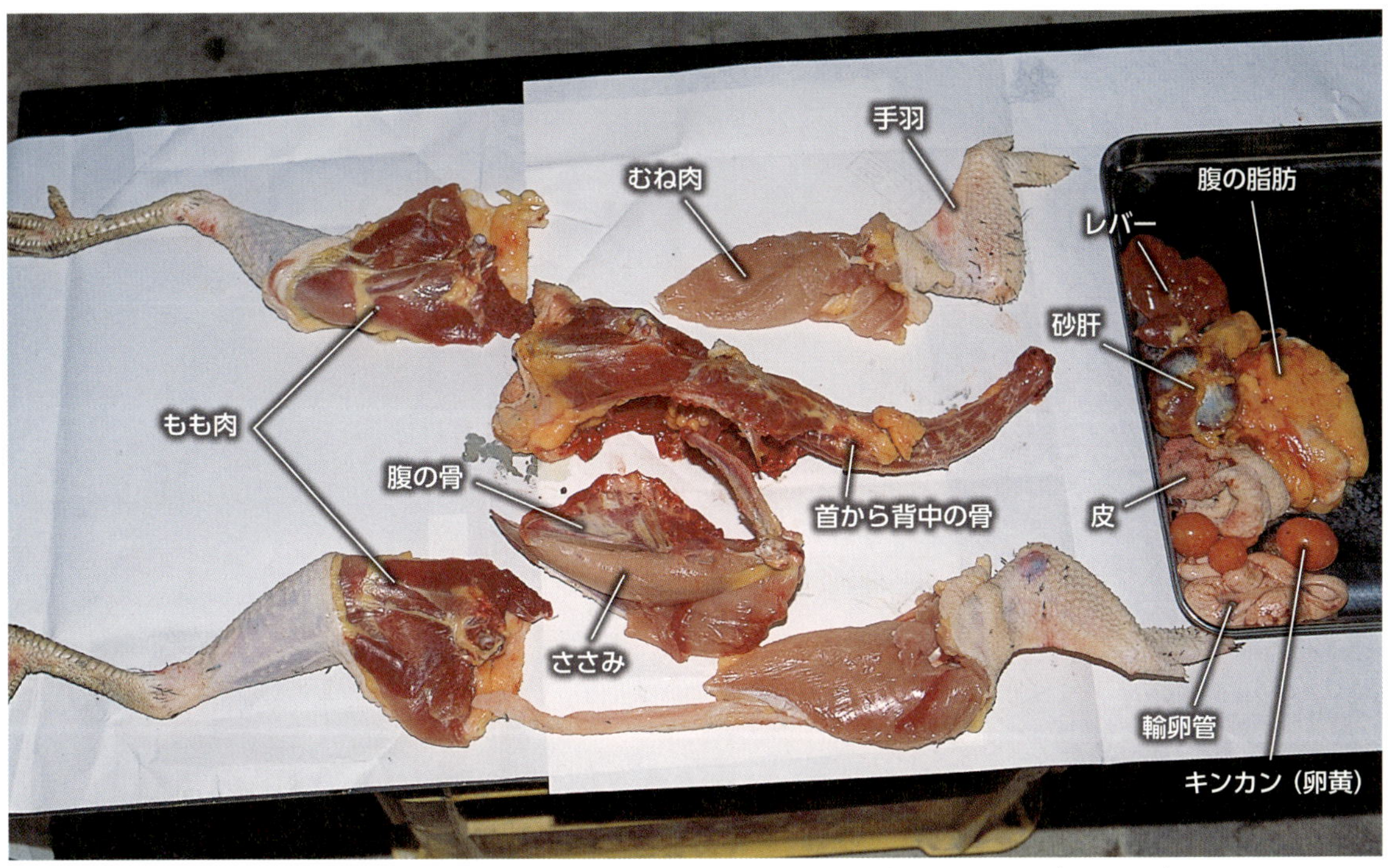

大まかに部位ごとに分かれた。このあとさらに鶏ガラ（骨）と肉を分ければ解体完了（詳しくは動画をご覧ください）

さばきたての鶏肉でごちそう

ささみ、レバーはさばきたてを刺身にすると絶品。とくにレバーは生臭さがなく、甘みとコクがあってくせになる（もも肉、むね肉を刺身にしてもおいしい）

たっぷりの鶏ガラスープでつくる水炊き。
シメのぞうすいがまた旨い

肉や卵をおいしく食べる

わが家の
鶏肉と卵料理で
おもてなし

兵庫県宍粟市● 椿（つばき） 美木子

鶏刺し

さばきたての鶏肉は鶏刺しに。
とくにおいしいのが臭みのない肝。贅沢な逸品です。

〈つくり方〉

1 ささみ、肝、はつ、砂ずりをすべて水洗いした後、ペーパータオルなどでしっかりと水分を拭き取る。

2 ささみはスジを取り、食べやすい大きさにそぎ切りにする。砂ずりはスジと筋肉を取り除いた後に水洗いし、盛りつけのイメージに合わせて食べやすい大きさに切る。はつは脂肪を取り除いた後、縦半分に切って血を取り除き、水洗いしてもう半分に切る。肝は血管を取り除き、水洗いして食べやすい大きさに切る。これで完了。

ささみと砂ずりはしょうが醤油で、肝とはつはごま油、塩、青ねぎ、ごまでいただくと絶品。

私たち家族は兵庫県の宍粟市千種町で平飼い養鶏を営んでいます。約900羽の採卵鶏と、約120日齢の地鶏を約300羽、初生から飼育しています。お客様が見えたときに大変喜ばれる料理をご紹介します。

定番は卵焼き。味つけは塩のみで卵を5～10個惜しげなく使い、どーんと大きな卵焼きにします。

そしてサラダ。季節の野菜にゆで卵・ささみの酒蒸しをほぐしたものを添え、まろやかなやわらかい味の自家製マヨネーズで味つけします。

鶏刺し、むね肉のたたきも評判です。もも肉は、塩とこしょうのみで、ステーキにするのがおいしいです。

ガラでとったスープは滋味あふれ、食欲がないときや体調が悪いときに飲むと元気が出ます。

冬はもも肉・むね肉のミンチを使ったつみれ鍋がおすすめです。しいたけ、にんじん、青物、ささみを入れた茶わん蒸しも、とてもおいしいです。

鶏むね肉のたたき

むね肉はたたきにすると、
刺し身とはまた違う旨みが出ます。

〈つくり方〉

1　むね肉の皮をはぎ、縦半分（細長い三角形）に切り、両面に塩、こしょうをふる。続いてボウルに氷水を準備しておく。

2　むね肉を焼き網に載せ、ごく弱火で表面をあぶる（バーナーであぶる方法もある。炭火でつくるともっとおいしいかも）。

3　表面の色が変わったら、氷水につけてよく冷やし、水気を拭き取って5～7㎜の厚さに切り、盛りつける。

おろしショウガとポン酢でいただくと最高。
むね肉の皮は、塩とこしょうをふって串焼きにすると、これもとてもおいしい（右の写真）。

むね肉の皮の串焼き

特大カスタードプリン
（約18cmのキャセロール１台分）

特大プリンがあれば、みんながとても幸せになります。インパクトもあり男性にも人気です。

〈材料〉
グラニュー糖…120g
卵黄…6個分
全卵…4個
てんさい糖…100gと30g
牛乳…800mℓ

〈つくり方〉
1　カラメルをつくる。グラニュー糖を弱火で溶かし、色が変わったら火を止め、湯（10mℓ）を加える（カラメルがはねるので、やけどに注意してください）。熱いうちにキャセロール（型）にそそいで冷ましておく。
2　プリン液をつくる。ボウルに卵黄、全卵を入れて混ぜる。てんさい糖100gを加えて静かに混ぜる【A】。小鍋に牛乳とてんさい糖30gを入れて中火にかけ、沸騰する手前で火を止める【B】。
3　AにBを加え、静かに混ぜる。目の細かいザルでプリン液をこし、キャセロール（丸い型）に注ぎ入れる。
4　たっぷりお湯を沸かしておいた蒸し器にキャセロールを入れ、初めは強火で1～2分、その後ごく弱火で20～25分蒸せば出来上がり。

自家製マヨネーズ（出来上がり約200mℓ）

ハンディーブレンダーを使うとあっという間にできます

〈つくり方〉
1　専用のカップに卵黄（1個）、油（150mℓ）、酢（大さじ1）、からし・塩（各小さじ1/2）、こしょう（少々）の順に入れる。
2　ブレンダーをカップの底に押しつけるようにして撹拌する。しっかり乳化したのを確認しながら徐々に上に引き上げる。
3　最後にレモン汁（大さじ1/2）を加えてさらに撹拌すると、サッパリとした味に仕上がる。

おまけ

余った卵白でラングドシャ（クッキー）がつくれる。卵白はときほぐしておき、無塩バター（溶かしたもの）、グラニュー糖、卵白、薄力粉をすべて卵白と同量ずつ、この順に混ぜてオーブンで焼く。160～180度で10分以内に焦げ目がつきすぎない程度に焼き上げる。出来たては柔らかく、まだかなと思うくらいでOK。冷めるとサクサクふわふわのラングドシャになる。

五十嵐公撮影

各地の家庭料理から

かしわのすき焼き（奈良県）

〈材料〉2～3人分
かしわ（鶏もも肉・むね肉）
…200g
玉ひも（キンカン）…適量
高野豆腐…1～2枚
焼き麩…5～10g
糸こんにゃく
…1丁分（板こんにゃく1丁を細切りにしてもよい）
長ねぎ…1/2本
玉ねぎ…1個（150g）
にんじん…1/3本
なす*…1本
そうめん…1束
砂糖…大さじ2～3
醤油…大さじ2
酒…大さじ3～4
みりん…大さじ1～2
油…適量
卵…各自1個
*季節の野菜なら、なすに限らずなんでもよい。

かしわ（鶏肉）のすき焼きは、祝いごとや祭りの日、近隣の人たちにふるまう料理でした。
すき焼きをする日は庭で飼っていたニワトリを家族の誰かが、おもに父親がつぶします。それを見た子どもたちは、今日はすき焼きだとわくわくしたそうです。なかでも「玉ひも」や「キンカン」と呼ぶニワトリの内臓卵はとびきりのごちそうで、子どもたちは競って食べました。

〈つくり方〉
1 高野豆腐は戻してひと口大に切る。そうめんはゆでる。
2 鉄鍋に油をひき、肉を炒め、砂糖を加えてから醤油、酒、みりんを加える。
3 適当な大きさに切った野菜、玉ひも、糸こんにゃく、麩、高野豆腐、そうめんを入れて味を確認し、必要に応じて水や調味料を加え、味を調える。
4 各自、取り椀に卵を割り入れて、鍋の具と混ぜて食べる。

107～112ページ上部までの料理は、（一社）日本調理科学会　企画・編集『全集　伝え継ぐ 日本の家庭料理』（農文協発行・全16巻）から抜粋。詳しい出典は143ページ参照。

水炊き（福岡県）

福岡県の水炊きは、鶏ガラでスープをつくり、骨ごとぶつ切りにした鶏肉や内臓を季節の野菜とともにいただきます。水炊きは冬場、客が来たときのもてなし料理でした。
水炊きのスープには澄んだものと白濁したものがあり、どちらも鶏ガラをじっくり煮こんでつくります。煮立てなければ透明に、煮立てて骨の髄までスープに煮出せば白濁します。食べ方は、まずスープに塩少々とねぎを入れて飲み、それから鶏肉を食べ、スープの味が濃くなったところで野菜を煮ます。しめに入れるもちやうどん、ご飯にスープを吸わせ、すべての栄養を余すことなくいただきます。

〈材料〉 4人分

鶏骨つき肉*…1kg
スープ
　鶏ガラ…600g
　水…2ℓ
　塩…ひとつまみ
砂ずり（砂肝）、肝（レバー）
　…各2羽分
豆腐…1丁
春菊…1/2束
白菜…1/4株
カリフラワー…150g
にんじん…花形にしたもの4枚
椎茸…4枚
もち、うどん、ご飯…適量

塩…適量
ポン酢醤油
　酢、醤油…各1/4カップ
　だいだい酢、みりん…各大さじ1
小ねぎ…20g
紅おろし
　大根…100g
　赤唐辛子…2本

*もも、手羽などのぶつ切り。手に入らないときは鶏もも肉でよい。

〈つくり方〉

1　スープをつくる。鶏ガラに熱湯をかけ霜降りにしてから水で洗い、血の塊や残っている内臓をとり除く（写真①、②）。

2　鍋に分量の水と塩、ガラを入れて強火で炊いてアクをとり（写真③）、軽く沸騰させながら1時間ほど煮る（写真④）。アクが出たらこまめにとる。

3　1/2量ほどになったらガラをとり出し、すりこぎでたたいて砕く（写真⑤）。ガラを鍋に戻し、最初の1/3量になるまで煮つめ、布巾を敷いたザルでこしてスープをとる。

4　骨つき肉を別の鍋に入れて肉の約2倍の湯（分量外）を入れ、アクをとりながら25分ほど強火で煮る。火を止めたあとフタをして30分ほど蒸らすと骨離れがよくなる。

5　砂ずり、肝はそぎ切りにし、水にさらして血抜きをしてゆでる。

6　豆腐や野菜、椎茸は大きめに切り、**5**とともに器に盛る。

7　ねぎは小口切りにする。紅おろしは、大根に切りこみを入れ、赤唐辛子を差しこんですりおろす。

8　食卓用の鍋に**4**の鶏肉をすべて移し、**3**のスープを加えて煮る。スープを湯のみにとり、塩と薬味のねぎを入れて味わってから、ポン酢醤油とねぎや紅おろしで肉を食べる。途中から豆腐や野菜も加えて煮ながら食べる。最後に残ったスープにもちやうどん、ご飯を入れて雑炊にしてもおいしい。

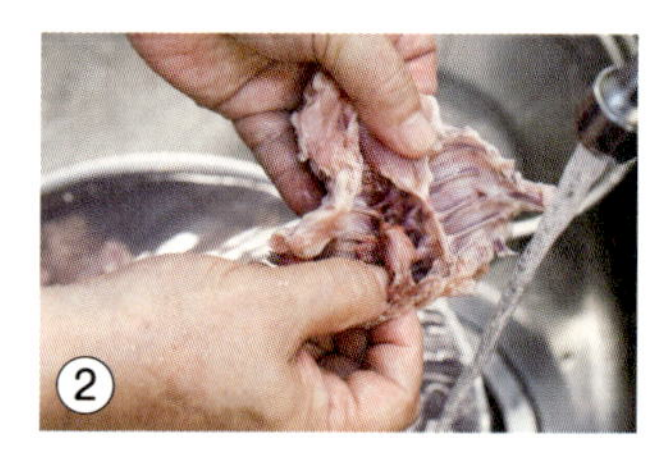

長野陽一撮影

長野陽一撮影

鶏飯（けいはん）（鹿児島県）

いろいろな具をのせたご飯に鶏スープをかけて食べる鶏飯は、奄美の代表的な郷土料理の一つです。とくに夏、島外から来客があったり大勢の人が集まったりするときにつくられてきました。滋養があり体が元気になります。

長野陽一撮影

〈材料〉 4～5人分

米…3カップ
丸鶏…1羽（約1.5kg）
昆布…20cm長さ2枚
スープの調味料
　塩…小さじ2
　うす口醤油…大さじ1
　濃口醤油…少々
干し椎茸…8枚
　濃口醤油…小さじ2
　みりん…小さじ2
卵…4個
塩…適量
パパイヤの漬物
　（奈良漬けでもよい）…50g
小ねぎ…5本
刻みのり…5g
タンカン（みかん）*の皮…10g
しょうが、または紅しょうが…少々

*レモンの皮でもよい。

〈つくり方〉

1　米は洗い、少しかために炊く。
2　丸鶏は4つ割りにして水で2～3回、脂をとり除ききれいに洗う。
3　大鍋にたっぷりの水と2の鶏肉、昆布を入れて火にかける。沸騰したら昆布をとり出し、アクを丁寧にとり、中火で約1時間半煮出す。
4　火を止めて、網じゃくしですくって鶏肉をとり出す。
5　とり出した鶏は身を骨から外し、細かく裂く。熱いうちの方が裂きやすい。残った骨はもう一度、鍋に入れて30分中火で煮出し、ザルでこす。
6　干し椎茸は水に戻す。
7　5のスープに椎茸の戻し汁を少し加える。入れすぎると椎茸の味が強くなるので注意する。塩とうす口醤油で味をつける。最後に香りづけに濃口醤油を加える。
8　戻した椎茸をせん切りにして、残った戻し汁と醤油、みりんで煮る。
9　卵は1個ずつ塩少々を入れて薄焼き卵を焼き、細く切って錦糸卵をつくる。
10　パパイヤの漬物はせん切りかみじん切り、ねぎは小口切りにする。みかんの皮もせん切りかみじん切り、しょうがはせん切りにする。
11　皿に、材料のすべて、裂いた鶏肉、椎茸、錦糸卵、パパイヤの漬物、ねぎ、みかんの皮、しょうが、のりを彩りよく盛りつける。
12　ご飯の上に好きなように11の具をのせ、7の熱いスープをかける。

五十嵐 公撮影

鶏めし（愛知県）

西三河の碧南地域は、昔からにんじんの栽培と養鶏がさかんな土地です。鶏めしは地域の食材を使った料理で、季節を問わず、日常的に食べられています。

〈材料〉10人分
米…1升（1.5kg）
水…10カップ
鶏肉…300g
あれば鶏の脂*…適量
ごぼう…300g（2本）
にんじん…300g（2本）
醤油…4/5カップ
砂糖…大さじ2
*ない場合は植物油でよい。

〈つくり方〉
1　米は洗ってザルにあげ、30分水きりする。醤油の分だけ引いた水加減で米を炊く。
2　鶏肉は1㎝の角切りにする。
3　ごぼうは細かいささがきにする。
4　にんじんは3～4㎝長さの細切りにする。
5　鍋を火にかけ、鶏の脂を入れ、脂がにじみ出たら鶏肉などの材料を入れ、醤油や砂糖で煮る。
6　炊き上がったご飯に5を入れて蒸らし、かき混ぜる。

がめ煮（大分県）

正月やお盆、秋のおくんちのほか、親戚や近所の人が集まるときは親鶏（ニワトリ）を1羽つぶし、がめ煮をつくりました。親鳥の肉は硬いですが、骨からだしがよく出て、長時間煮ることで肉も軟らかくなります。

戸倉江里撮影

〈材料〉10人分
骨つき鶏肉（親鶏）…800g
ごぼう（大）…1本（150～200g）
にんじん…1～2本（200g）
れんこん…1節（200g）
里芋…10個（600～700g）
椎茸（生椎茸でも干し椎茸でもよい）…5枚（生椎茸なら50～60g）
こんにゃく…1～2丁（300g）
酒…1と1/2～3カップ
砂糖…大さじ3
みりん…1/2カップ
醤油…3/4カップ

〈つくり方〉
1　鶏肉は骨ごとぶつ切りにし、ひと口大に切る。
2　ごぼう、にんじん、れんこん、里芋、椎茸（干し椎茸の場合は水で戻しておく）は、食べやすい大きさに乱切りにする。こんにゃくは湯通しをして、ひと口大に分ける。
3　鍋に1と水1ℓ、酒を入れ、弱火で数時間かけてゆっくり火を通す。
4　鶏肉の身が軟らかくなり、骨からだしが十分に出たら2を加えて軟らかくなるまで煮る。時間のあるときは3で火を止めて一晩おいてから、加えて煮るとよい。
5　調味料を入れ、煮汁がほぼなくなるまで煮含める。好みでせん切りにしたしょうがをのせる。
*大根やたけのこなど、季節ごとにある野菜や大豆を入れてもよい。

だまこ汁（秋田県）

うるち米のご飯をすりこぎで粗くつぶして球状にしたものが「だまこ」、あるいは「だまこもち」です。家族の帰省や来客時など、ちょっとした人の集まりにもよくつくって食べられています。

高木あつ子撮影

〈材料〉 4人分
米…2カップ
鶏肉（あれば比内地鶏）…300g
ごぼう…1本
舞茸…1パック
長ねぎ…1本
せり…1束
糸こんにゃく（しらたき）…1袋
鶏ガラ…1羽分
醤油…大さじ6
酒…大さじ4
みりん…大さじ4
塩…少々

〈つくり方〉
1　鍋に水10カップと鶏ガラを入れて強火にかける。沸騰寸前に中火にして、アクをとりながら1時間以上ゆっくりと加熱し、だし汁を6カップ分とる。
2　硬めにご飯を炊いて、熱いうちにすりこぎで半つき状態につぶす。手に塩水（分量外）をつけて一口大にちぎったものを丸める（だまこ）。
3　鶏肉は一口大に切る。ごぼうはささがきにして水にさらす。舞茸は食べやすい大きさに裂く。ねぎは斜め切り、せりはざく切り、糸こんにゃくはゆでて食べやすい長さに切る。
4　鍋にだし汁を入れて火にかけ、調味料で味を調え、鶏肉、ごぼう、舞茸、糸こんにゃくを入れて煮る。
5　食べる寸前にだまこを入れてひと煮立ちさせ、ねぎとせりをくぐらせて盛りつける。
*これを鍋ごと食卓に出すと、「だまこもち鍋」になる。

小林キユウ撮影、本郷由紀子スタイリング

鶏のからめ煮

佃煮のような甘辛味がご飯にぴったり。
愛知県西三河の秋祭りの弁当にも入っていたおかず。

〈材料〉 つくりやすい分量
鶏肉（もも、レバーなど部位はどこでも）…200g
A ┌水…1/2カップ
　 │砂糖、醤油…各大さじ2
　 └酒…大さじ1/2

〈つくり方〉
1　鶏肉は細かく切る。
2　Aに肉を入れて汁気がなくなるまでゆっくりと煮詰める。冷蔵庫で1週間は保存可。

卵を売る

自然な環境でのびのびと育ったニワトリの卵は、
直売所でも人気です。
一歩進んで、卵を販売するときのノウハウや
飼育方法の工夫を、先輩農家に教えてもらいました。

ゼロから始める自然養鶏

神奈川県二宮町●コッコパラダイス

自分で育てたニワトリの卵を販売して収入を得るためには、何から始めたらいいのだろう？
経験ゼロから養鶏を始めたコッコパラダイスの末永郁さん、川尻哲郎さんに、
試行錯誤の軌跡を教えてもらった。

筆者（末永郁、左）と川尻哲郎さん。筆者は神奈川県藤沢市出身、脱サラして新規就農した

ニワトリを飼う場所を決める

末永　郁（かおる）

30羽からスタート

はじめまして、コッコパラダイスの末永郁です。３年前に二宮町に移住し、農業仲間の川尻哲郎さんとともに、放し飼いによる自然卵養鶏と有機野菜・みかん栽培に取り組んでいます。養鶏は現在、後藤もみじ、後藤さくら、アローカナ、ウコッケイの４品種、合計約５００羽の規模で運営しております。

養鶏を始めるきっかけは、二宮町に引っ越してきてすぐに、地元で小規模の平飼い養鶏をしている方と出会ったことでした。その方は１００羽弱のニワトリを飼育していましたが、獣害により1羽に減ってしまい、鶏舎を壊して養鶏をやめようとしているところでした。そこで「鶏舎を貸してあげるからやってみないか」とお声がけいただき、30羽のヒナを導入して私たちの養鶏はスタートしました。

当初はご縁以外の理由はなく、とりあえず開始してしまったという状況でしたが、今振り返ると「小屋がある」「指導していただける」「小規模から始められる」など、とても恵まれた環境が与えられたと実感しています。

30羽の規模で、育すうから産卵まで一通り経験できました。鶏舎のドアが閉まり切っておらずヒナが一斉に外に出てしまったり、小動物が中に入ってしまったりと、最初のうちにトラブルを経験できたこともプラスでした。いきなり大規模で始めてニワトリに被害が出ていたら、養鶏を継続することは精神的に難しかったことでしょう。

ここではこの間取り組んできたことをご紹介します。これから養鶏を始める方の参考になりましたら幸いです。

鶏舎をどこに建てるか

▼地元に溶け込んで土地探し

その後、業としての自然卵養鶏を開始するために、広い土地が必要となってきました。

といっても、鶏舎を建ててよい土地など簡単には見つかりません。使い勝手のよい農地は畑として使われるため、どうしても道があまり整備されていない山の上の耕作放棄地が候補に挙がってきます。さらに家畜を飼うとなると了承を得にくく、最初の候補地は案の定、断られてしまいました。

幸い、私たちは「湘南二宮・ふるさと炭焼き会」に所属しており、地元に根ざした会員の方を通じて、寛大な地主さんから候補地を紹介していただき、借りることができました。土地探しにもっとも重要なのは、地元のコミュニティに溶け込み情報を得ることに尽きると思います。

場所は、二宮町と隣の中井町のちょうど境目の山の中腹にある農地です。広さは約10aで、当初は草に覆われ開墾にはとても苦労しました。

しかし山の上は見晴らしがよく、ニワトリの鳴き声やニオイに関して近隣の方々に配慮する必要もないので、条件としてはよかったのかなと思います（とくに有精卵にする場合は、オスの鳴き声が甲高くうるさいため、苦情につながる可能性があります）。

▼小規模なら簡易な鶏舎でいい

鶏舎は単管パイプと金網で建て、まず100羽のヒナを導入しました。周りにはイノシシやイタチなどの動物がいるため、電気柵（ソーラー）で鶏舎全体を囲ってニワトリたちを保護しています。

この程度の小規模経営であれば、基礎は打たず、屋根も取り外し可能な簡易なスタイルにできるので、地主さんの理解も得やすくなります。

ただ、地域によって行政の考え方が異なるため、事前に管轄の畜産技術センターや家畜保健衛生所にご相談されることをおすすめします。コッコパラダイスもこれらの行政の方にご来訪いただき、鶏舎に関することや衛生面での対応、運営方法などいろいろとアドバイスをいただきました。ちなみに神奈川県によると、養鶏を営む上での「地目」（土地の用途による区分）は問わないとのことです。

放し飼い養鶏（1㎡5羽以下）をするのに、土地の広さは十分です。た

後藤もみじと後藤さくらを入れた直売所用4個入りパック。税込360円

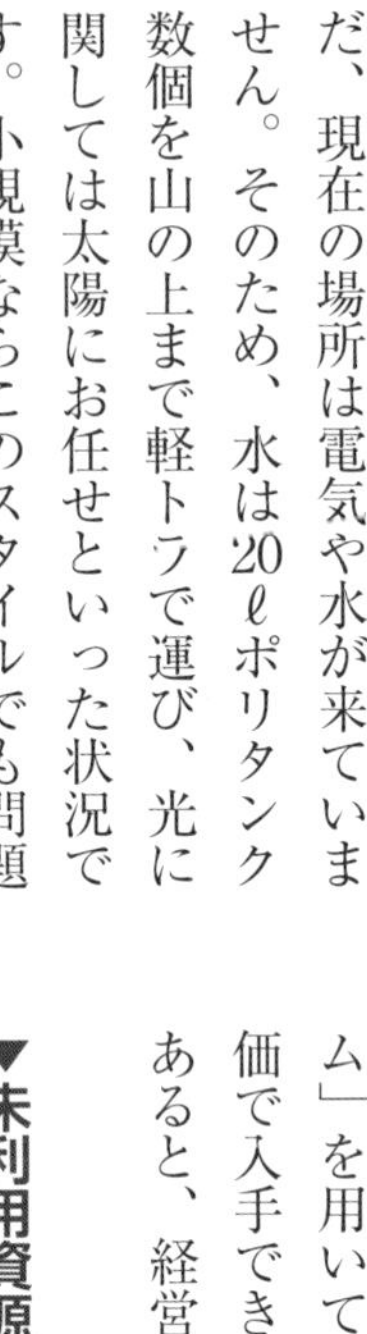

単管パイプとナイロン網で建てた鶏舎（左奥）。手前に運動小屋をつくり、鶏舎と行き来できるようにした

だ、現在の場所は電気や水が来ていません。そのため、水は20ℓポリタンク数個を山の上まで軽トラで運び、光に関しては太陽にお任せといった状況です。小規模ならこのスタイルでも問題ありませんが、1000羽を超える規模を目指す場合は、電気と水を引けるところのほうがよいと思います。

たとえば、牛舎の跡地などは鶏舎への転用が比較的容易です。知り合いにも実際に牛舎から鶏舎に転換して養鶏を始めた方がいます。お近くで空いている牛舎がありましたら、交渉してみるといいかもしれません。

エサと敷料が入手しやすいか

次に重要になってくるのが、エサと鶏舎の敷料（敷材）の調達です。私たちは、なるべく地域で出る素材を活かしたいと考えました。

▼エサはエコフィード

エサは、学校給食センターの残飯、ビール工場からの麦芽の搾り粕などを毎週いただいています。発酵材としては、地元の食品残渣をリサイクルして製造している有機肥料「健やかファーム」を用いています。無料もしくは安価で入手できる素材が少しでも身近にあると、経営面でとても助かります。

▼未利用資源を敷料に

敷料も地域で出るもので、街路樹のせん定クズなどをウッドチップにしている会社から分けていただいています。

敷床をウッドチップで覆うと獣臭が激減し、衛生環境がとてもよくなるので重宝します。土地柄によって入手できる資材は異なるでしょうから、たとえばモミガラが手に入りやすい場合はそれを厚く敷くことも有効と思います。

このように、身近で調達できるものが多ければ多いほど、養鶏を始めるハードルが下がってくると思います。

高価格帯での売り先はあるか

実際に養鶏をスタートして課題となるのは卵の売り先です。これも養鶏を始めるための場所探しをする上で考慮すべき点です。

二宮という土地は、西は小田原、東は大磯・平塚と、非常にマーケットが近いことがメリットです。放し飼いの場合はニワトリたちの運動量が多いため、エサ（栄養）が不足すると産卵率が目に見えて下がってしまいます。そのため、エサにかかるコストを賄うためにも、卵の価格は通常より上げなければ経営としては成り立ちません。

私たちは高いもので1個100円と、高価格帯を維持しています。そのためには、オーガニックや自然食志向の高いマーケットが近くにあることはとても大切です。

近郊養鶏は、規模は大きくできませんが、品質を重視した小規模運営が非常にマッチすると思います。ストレスの少ない環境でのびのび暮らすニワトリの卵は、生臭さがまったくないことが特徴で、一度食べればリピートしてくださるファンが付いてくれます。

飼いやすくて買いやすいヒナを選ぶ

末永 郁

飼いやすさ、入手しやすさで選ぶ

養鶏を始める上で課題の一つとなるのが、ヒナの入手先です。現在、コッコパラダイスでは「後藤もみじ」「後藤さくら」「東京うこっけい」、アローカナの4品種を飼育しています。

▼赤玉の後藤もみじ

最初に養鶏を始めるきっかけとなった地元の方が飼っていた品種です。後藤孵卵場から入手できます（92ページ）。その方から連絡先を教えていただいたこともあり、まずは後藤もみじからスタートすることにしました。

現在は後藤孵卵場にヒナを注文すると、運送業者の㈱エスラインギフが自社の各支店まで配送してくれるので、そこへ引き取りに行くのが基本です。

もみじは比較的人になつきやすく、飼いやすい印象です。卵もよく産みます。ホームページでは年間産卵率約84％と記載がありますが、一般に放し飼いにすると、運動量が多くてエネルギーが消費されるからか、50～60％で推移します。

卵は赤玉で殻が固く、白身の弾力が特徴です。販売面でも、赤玉のほうが「自然の中で生まれた卵」というイメージを持たれやすいため人気があります。養鶏を始めるにはよい品種であると考えます。ヒナを注文する場合、納期は1カ月ほど余裕をみておくと安全です。

▼ピンク玉の後藤さくら

同じく後藤孵卵場から入手できます。こちらは薄いピンク色の卵を産み、産卵率はもみじとほぼ同等です。

さくらはもみじと比べて若干気性が荒く、あまりなつきません。卵は黄身が大きくとてもおいしいです。もみじから始めて、慣れてきたらさくらを導入するのがよいと思います。

▼高産卵率の「東京うこっけい」

以前は都内在住の方のみへの販売だったようですが、現在は都外からでもヒナを購入できるようになりました。東京の青梅畜産センターへの申し込み方法が、ホームページに詳しく記載されています。配送はしておらず、青梅畜産センターまで引き取りに行きます。

東京うこっけいを選んだおもな理由は、高い産卵率です。通常、ウコッケイは産卵率の低さ（約20％）から敬

後藤もみじの初生ビナ。暖かな春か秋に導入する

遠されがちですが、東京うこっけいは55％まで向上されており、経営面を考慮して選定しました（やはり、放し飼いにすると産卵率は低下します）。

　とくに付加価値をつけて卵を販売したい場合、優れた品種だと思います。臆病で人にはなつきません。

▼青玉のアローカナ

　アローカナの特徴は何といっても、薄青色の卵です。物珍しさから、直売やマルシェでは1個100円でも売れます。味も黄身にコクがあり、アローカナを指定して買っていただける方もいます。

　後藤もみじや後藤さくらに比べると、やや繊細でか弱い品種ですので、こちらも養鶏に慣れてきてから導入を検討されるのがよいかと思います。

オスを入れると飼いやすい!?

　ヒナを導入する際、有精卵にしたい場合はオスも同時に購入します。有精卵の基準は「複数の成雌鶏に複数の成雄鶏（メス100羽に対してオス5羽以上）を混飼し、自然交配可能な飼育環境（平飼い・放し飼い）で生産した卵」（公正競争規約）と定められています。

　後藤もみじ、後藤さくらは後藤孵卵場から一緒にオスも購入できます。東京うこっけいはオスの配布はしていません。

　オスを入れることで、より自然に近い環境の中でつくられた有精卵であることをアピールできます。またオスが1羽でもいると、群れのまとまりが安定するのです。野生獣がうろつくときもオスが威嚇して追い払ってくれます。

ヒナの大きさは経営に合わせて選ぶ

　また、初生ビナ（1〜2日齢）を導入するか、大すう（120日齢前後）を入れるかも一つの選択になってきます。

　私たちはすべて初生ビナから育てています。そうすることで、エサを最初から管理できることと、見学者や課外授業などで来場された方々にとって少しでも学びの場になればという思いからです。

　もちろん、経営面を考えて大すうを導入する選択肢もあります。大すうですと、主要なワクチンが接種された状態がほとんどなので手間が省けます。

　初生ビナの場合は最低限のワクチンは接種されていることが多いので、あとは必要に応じて自分で接種することに

卵の販売Q&A

Q 自分で育てたニワトリの卵を販売するときに、行政への届出や許可は必要？

A 自分で生産して販売するときは不要。

ただし、他から仕入れた卵を販売する場合は保健所への届出が必要です（2025年現在。編集部調べ）。

手づくりの育すう箱。品種ごとに分けて飼育するほうが食い負けするヒナが出ない

なります。それぞれの経営スタイルに合わせて導入を検討されてみてはいかがでしょうか。

一般的に、ニワトリはおおよそ120日齢を過ぎたあたりから卵を産み出しますが、放し飼いだと150～180日齢くらいでようやく産卵が始まります。育すうの期間を約半年みる必要があるため、余裕を持った経営プランが大事だと思います。

初生ビナを導入する場合は、育すう箱を設置してヒナの管理をします。生まれてから1カ月までは寒さに非常に弱いため、私たちは冷え込みの心配のない遅めの春か、まだ少し暑さの残る初秋に迎え入れます。

鶏舎。広さ48㎡(4×12m)、高さ2～2.5m。建築費用は約30万円

一番内側をベニア板で覆う。ニワトリがビニール網を破るのを防ぐ

鉄網の裾20～30㎝を丸太で押さえ、害獣が地面を掘って侵入するのを防ぐ

鶏舎におカネをかけすぎない

川尻哲郎

最初に鶏舎を建てたのが3年前で、6棟の鶏舎を建ててきました（現在使用しているのは3棟）。その経験でわかったことを私なりにまとめてみました。

コストダウンでゆとりの羽数

鶏舎を建てる際のポイントは次の通りです。

(1)獣害対策
(2)台風対策
(3)建築基準法の遵守（私達の鶏舎は基礎をつくらず、屋根を取り外せるので建築物にあたらず、申請がいらない）

(4)建築費は安価にする

(1)～(3)は当然のことですが、これを完璧にしようと思うと大変な経費と時間がかかってしまいます。(1)、(2)は必要最小限はやるとして、とくに重要なのは建築費を安くするために工夫することです。

なぜなら建築費をかけすぎると、採算を合わせるために経営の効率化を図り、限られたスペースにできるだけ多くのニワトリを飼おうとします。すると、どうしても密集飼いになってしまい、環境が劣化して悪臭やハエの発生の原因になります。ニワトリの病気や卵の質の低下にもつながります。

コッコパラダイスで最初に建てた鶏舎は、土台は単管パイプで、屋根は波板、壁全面には鉄網を使っていました。しかし最近建てた鶏舎では、土台は同じ単管パイプですが、屋根はテント生地、壁面は獣害対策用のビニール網で下の部分だけ鉄網を使いました。これにより建築費は半分以下になりました。

ビニール網、テント生地を駆使

鶏舎の建て方や材料について、建てる順に説明します。

①地面を整備する

水平棒で測定しながら平面にします。

②単管パイプで土台と骨組みをつくる

つなぐときは、角度があらかじめ固定されている「ジョイント」を使うとすごく便利です。これを使うことでプラモデルをつくるように、簡単に短時間でゆがみなく組み立てられます。

③壁をつくる

壁面全面は軽くて安いビニール網を張り、単管パイプやワイヤーなどに結束バンドで留めます。さらに獣害対策で、ビニール網の下の部分の外側に鉄

ハシゴ型の止まり木。下の段のニワトリの羽が糞で汚れない。気軽に位置を変えられるから糞が1カ所に固まらない。止まり木が少ないと産卵箱に入って眠ってしまい、産卵箱の床が糞で汚れ卵も汚れてしまうので、多めにつくる

網を、内側にはベニヤ板を張ります。

④屋根をつくる

波板よりも安いテント生地を張り、単管パイプにクリップで留め、テント生地全体をワイヤーで押さえます。

⑤ドアを付ける

⑥止まり木をつくる

試行錯誤の結果、ハシゴのような形にして梁に立てかけるのが一番よいようです。鶏舎内で移動させやすく、上段のニワトリの糞が下段のニワトリに落ちることもありません。

⑦鶏舎3棟を電気柵で囲う

⑧時間のあるときに台風対策や雨樋を設置する

48㎡で約30万円

このような建て方で、48㎡（4×12m）の鶏舎にかかる労力と経費はどれくらいかというと、②の単管パイプでの土台づくりは2人で1日（慣れれば1人で半日）。③の壁と④の屋根つくりは2人で1日。経費は多めに見積もっても30万円です。

私達の場合は、この広さの鶏舎で150羽以内（1㎡あたり約3羽。一般の平飼いは1㎡あたり平均10羽）を飼育するのが理想です。この余裕のある環境で、床にウッドチップかモミガラを敷けば、悪臭やハエの発生はほとんどないはずです。

イノシシ、ハクビシン等対策のソーラー電気柵

卵が汚れず回収しやすい産卵箱

川尻哲郎

ほぼ納得の産卵箱ができた

平飼い用の産卵箱として、単純な箱を置くだけでも、ニワトリはそこに卵を産んでくれます。しかし大きな欠点が3つあります。1つは卵を回収するときに、産卵で気が立っているニワトリをいちいち産卵箱から退けなければならないこと。2つめはニワトリの足が卵に触れるので卵が汚れてしまうこと。3つめは卵の殻が軟らかい場合、ニワトリが卵をつついて割ってしまうことです。

これらの欠点を解消するには、産卵箱をケージ飼いのケージのような形にして、卵が転がる構造にすることです。

産卵箱は自作しています。最近つくった産卵箱は7つめで、ほぼ満足でき

るものになりましたので、紹介させていただきます。

よい産卵箱のポイント

よい産卵箱とは、私は次のように考えます。

①ニワトリが産卵時にちゃんと入る（床で産まない）

ニワトリは産卵時、狭くて薄暗いスペースを好みます。縦、横、奥行きが約30㎝のボックス型がよいようです。

②卵が汚れず、回収も簡単

ボックスで産んだ後、卵が転がってボックス外の回収箱に集まる方式がベスト。卵が汚れず、かつボックス内にニワトリがいてもストレスを与えることなく回収できます。

③産卵箱の床の掃除が簡単

ホコリや泥などで床が汚れると、卵も汚れてしまい洗浄が大変。床を簡単に取り外せて水洗いできるようにするか、汚れが溜まらない構造にします。

④簡単に安くつくれる

既製品を適宜使い、ベニヤ板のカッティングもホームセンターで処理すれば、一人で半日もあればできます。最新の産卵箱（高さ・横幅約180㎝、奥行き60㎝）の材料費は1万円以内でした。

産卵箱の表側（入り口）。産卵スペースは2段で計10部屋。150羽程度に対して10部屋あれば十分。卵は裏側の扉から回収する

産卵スペースの部屋（高さ・奥行き約30㎝、横幅34㎝）の中

産卵箱の材料
（全体の高さ・横幅約180㎝、奥行き60㎝）

- ベニヤ板（180×90㎝で2枚分）：壁、裏側の扉、部屋の区切り板など用
- 角材（180㎝長が10本ほど、太い角材は4本）：枠、止まり木など用
- メッシュパネル（60×30㎝、10枚）、育苗箱（60×30㎝、10枚）：産卵スペースの床用
- 蝶番、補強用の金具など

床はメッシュパネルと育苗箱

とくに産卵箱の床部分は工夫を重ねてきました。角材で骨組みをつくったら、床にはベニヤ板を張らずにあけておきます。そこに私は、メッシュパネルを設置してイネの育苗箱を載せます。育苗箱は汚れたら外して水洗いで

きるように固定しません。

メッシュパネルは100円ショップで1枚200円で購入しました。ただし最小のメッシュ幅でも卵がはまってしまうので、育苗箱を載せています。育苗箱の上で産んだ卵が、転がって卵を回収する裏側に向かうように、メッシュパネルは少し斜めに設置します。斜面がキツイと卵が転がるスピードで割れてしまうので、適度な角度にします。

産卵箱で産ませる習慣づけ

①の通り、ニワトリは産卵に薄暗いところを選ぶので、産卵箱は鶏舎の中でも終日、日が当たらない場所に設置します。

しかし産卵箱を設置しても、皆すぐに産卵箱で産んでくれるものではありません。どうしても床の決まった場所に産卵するニワトリがいる場合は、そこにブロックを置いたり、止まり木の位置を少し変えたりして様子を見ます。

裏側の扉。蝶番を付けて回収するときだけ開ける

産卵箱の裏側（卵の回収スペース）

卵が産卵スペースから裏側へゆっくり転がるように、床は緩やかな傾斜にする

ベニヤ板の下は、卵が転がる隙間（4㎝程度）をあける。ニワトリが頭を突っ込んで卵をつついて割ってしまう場合は板を追加して少し狭める

育苗箱

育苗箱の上で産卵し始めて2週間ほどして慣れてきたら、育苗箱から金網に替えると掃除の手間が省ける。金網だけだとたるんでくるので下のメッシュパネルは必要

メッシュパネル。もし卵がはまらないほどメッシュ幅が小さいものがあれば、床はこれ1枚でよい

産卵箱を寝場所にさせない

産卵箱の環境は、じつは寝場所としても居心地がよいので、どうしても最初は寝場所にされてしまいがちです。しかし育苗箱に糞が溜まって汚れやすく、掃除が大変です（産卵のために産卵箱に入っているときは糞はしない）。卵が汚れる原因になるので、絶対に避けなければなりません。

そこで私は、夕方卵を回収した後は、育苗箱を外してメッシュパネルだけにしてみたところ、隙間の大きいメッシュの床は居心地が悪いのでしょう、中で寝ませんでした。これを1週間続けると、その後育苗箱を戻しても中で寝ることはありませんでした。

育苗箱から徐々に金網に変える

すべてのニワトリが産卵箱で寝ることなく、産卵時にだけ入るように習慣づけができたら、メッシュパネルの上の育苗箱を、金網に替えてセットします。金網ならホコリなどが網目から落ちるので毎日の床掃除が必要なく、管理が非常にラクになります。最初から金網を載せればいいのですが、やはり育苗箱のほうが安心するのか、前述の習慣づけがうまくいかないのです。

育苗箱から金網に替える場合も、最初は上段だけ替えるなどして、徐々に慣れさせます。

エサはなるべく地元で確保

川尻哲郎

どんなエサかで経営が決まる

自然養鶏の成否はエサの確保がもっとも重要だと思います。そのコストによって何羽飼って卵価をいくらにすれば採算が合うか、が決まるからです。

経営効率だけを考えたら、輸入飼料が入った市販の配合飼料を使えば、安価でラクです。しかし環境問題やニワトリの健康を考えると、市販の配合飼料は農薬やポストハーベスト、遺伝子組み換え作物などの問題が多すぎます。

当園では地元の学校給食センターの野菜クズや地ビール会社のビール粕、豆腐屋さんのおからなど、廃棄物として処分するものを無料で分けていただいて非常に助かっています。

私達はオーガニック栽培している畑が50a以上あるので、野菜の残渣や野草などの緑餌もできるだけ与えるようにしています。

夏でも緑餌だけは食い尽くす

密飼いするケージ飼い養鶏では抗生物質やワクチンなどの投与が必須ですが、当園では薬剤は与えていません。広々とした鶏舎で適切な飼料を与えていれば、免疫機能が上がり病気を防げると思っているからです。それだけにエサには気を使います。

とくに緑餌は大事だと思っています。暑さに弱いニワトリは夏場に食欲が落ちます。ところが穀物類は食べ残して元気がなくても、緑餌を与えると喜んで食い尽くします。

こんなにすばらしい緑餌ですが、大きな難点があります。新鮮な緑餌を与えるためには大変な手間がかかるという点です。無農薬栽培の畑に行って野草を刈り、その野草を集めて車に載せ、鶏舎まで運んでやっとニワトリに与えられます。

緑餌を与えている様子。左の器には小石代わりの砂利（8㎜以下。ホームセンターで15kg 500円）。
水槽用の小石でもよい。右の器には粉砕貝殻（農協で20kg 800円）を入れている

必要量はエサ箱を見て決める

自給飼料の場合、手に入る原料が地域により異なるので、配合比率は臨機応変にやるしかありません。当園では、穀類（ビール粕）50％、発酵飼料「健やかファーム」（米ヌカと野菜クズで地元企業がつくる発酵有機肥料）・おから15％、学校給食の残渣30％、魚粉2％、緑餌などを適宜、が基本です。

ニワトリは放っておいても自分に必要なエネルギー分だけ食べ、それ以上は食べません。カロリーの低いエサならたくさん食べ、高いエサなら少量しか食べません。必要量のチェックはエサ箱の残餌状況を観察して判断しています。

タンパク、カルシウム、小石も忘れずに

魚粉はタンパク質が豊富で産卵率に大きく影響します。安価な魚粉は防腐剤がたっぷりで使いたくないので、良質なものを与えています。ただ魚粉は卵を生臭くさせる可能性が高く、今は少量しか与えていません。産卵率は多少下がっても仕方ないと割り切っていますが、タンパク不足にならないようにすることが課題です。

カルシウムの補足には、粉砕貝殻を与えています。これはエサ箱とは別の器に入れて鶏舎に置き、自由に食べさせます。

歯のないニワトリは飲み込んだ小石や砂を利用し、砂のう（砂肝）で硬い食べ物をすり潰して消化します。小石も器に入れて好きなだけ食べられるようにしています。

冬は発酵飼料で補給

冬は緑餌が不足しがちなので、冬季限定で保存性のよい発酵飼料をつくっています。ビール粕と「健やかファーム」を混ぜ合わせて好気性発酵をさせます。気温が低く発酵の進みは遅いのですが、その分、管理は簡単です。正常に発酵したよいニオイがするか、腐敗臭がないか、温度の様子も見ながらかき混ぜたり健やかファームを足したりして調整します。

電話をかけまくった

国内産が約95％もある鶏卵は、生産額ではなくカロリーベースの自給率

だと10％しかないことをご存じでしょうか？　ニワトリの飼料はほとんど輸入に頼っているのが現状です。もし輸入飼料が入らなくなったらほとんどの養鶏場は廃業するしかありません。大規模な企業養鶏はともかく、平飼い養鶏、自然養鶏を続けるなら、今からでもできるだけ輸入飼料への依存を低くするべく、努力が必要だと思います。

私達も養鶏を始めるときや数を増やすとき、エコフィードの原料を調達するために「ニワトリのエサ用に無料でもらえませんか」と、めぼしい所に電話をかけまくりました。

「回収業者との兼ね合いがある」「ニワトリに問題が起こったら責任が取れない」などと断られることも結構ありました。でもなかには「いくらでも好きなだけ持っていってほしい」という所もあります。

皆さんの地元でも探せばきっとあるはずです。これから養鶏を始めようとする人は、まずはエサの原料について調査してみてください。

1個100円の自然卵を売り切るには

川尻哲郎

誰にどう売るかを明確に決めた

自然養鶏（平飼い）で生計を立てる上で重要なことは、飼育とマーケティングだと思います。これらは両輪です。

ケージ飼いの卵はとても安価で平均価格は1個約20円。私は自然養鶏の卵の適正価格は1個100円だと思っています。ただし100円で売るにはマーケティングが欠かせません。

マーケティングとは何でしょう？　一言でいえば「売れるしくみをつくること」だと思います。「誰に」「どのような価値を」「どのようにして提供するか」を考える必要があります。コッコパラダイスでは次のように考えています。

- 誰に：健康志向の人、アニマルウェルフェアの理念を尊重している人に。
- どのような価値を：新鮮で安心して食べられる卵。
- どのようにして提供するか：コッコパラダイスのコンセプトであるトレーサビリティを公開して、消費者に卵の価値を伝える。

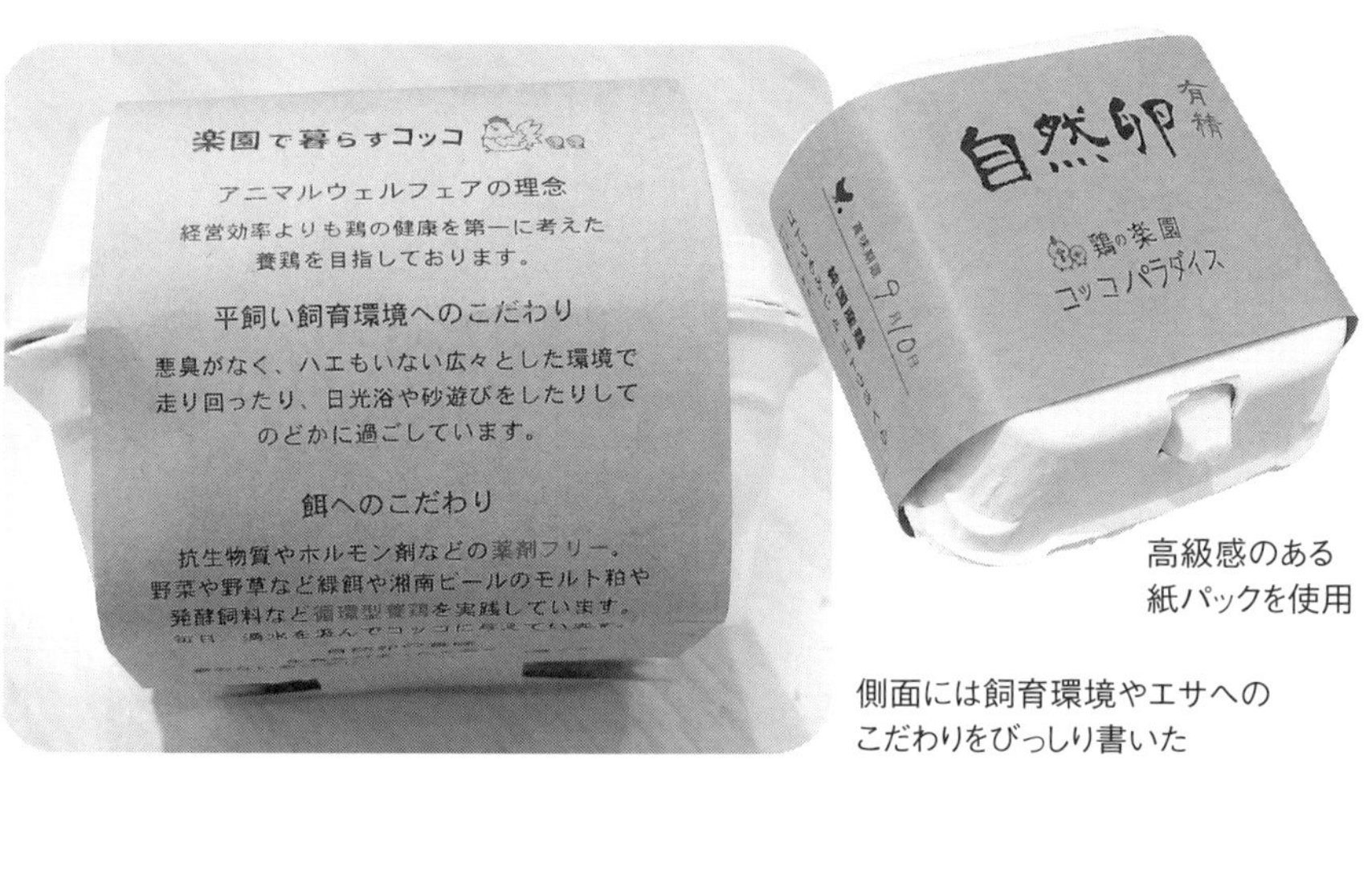

高級感のある紙パックを使用

側面には飼育環境やエサへのこだわりをびっしり書いた

委託販売店に置いたポップでも農園について詳しく説明。赤玉（後藤）のほか、アローカナ、ウコッケイの卵を1個100～150円で販売

パッケージでとにかくアピール

健康志向やアニマルウェルフェアの理念を尊重する消費者は確実に増えています。そうした意識を持った消費者が卵を選ぶときのきっかけは、パッケージです。コッコパラダイスではパッケージ（ラベルを含む）にたくさんの情報を盛り込むようにしました。

・高級感を出すために紙パックを使用。買いやすいように4個入りと少量にした。
・ラベルについて。自然養鶏をアピールしたいので、「自然卵」を目立たせた。「コッコパラダイス（鶏の楽園）」のロゴも、アニマルウェルフェアをイメージできるので大きく記載。
・エサについて。薬剤フリー、自家配合飼料などを記載。
・食べ方について。味に自信があるので、卵かけごはんを推奨。
・コッコパラダイスの詳細情報を知ってもらうためにホームページのURLを記載。

見学希望者を受け入れた

販売店では自作のポップを飾ってもらっています。養鶏場の写真や飼養のこだわりを書いています。当初はその他に「養鶏場の見学希望者はご一報ください」という記載もしました。

見学に来てもらえれば、鶏舎の中でもニオイがしないことや広い空間でニワトリがのどかに暮らしていることが一目瞭然です。それを見たお客様はコッコパラダイスのファンになっていただけると思ったからです。

見学者の募集は1年目のみで、現在はやっていません。卵が常に売り切れるようになったからです。

養鶏場で直売100％を目指す

現在、1日の産卵数は200～300個です。販売方法はネット通販が2割、飲食店卸が1割、地元の個人宅配が1割、残りの6割は委託販売（数カ所）です。じつはこれらの販売方法はベストではなく仕方なくやっています。理想の販売方法は養鶏場にて、高価格で100％直売することだと考えています。

ネット通販は梱包の手間、個人宅配は配達の手間がかかります。委託販売は委託手数料がかかります。一方、養鶏場で直売できればそれらがなくなります。理想のトレーサビリティを実現できるので、お客様に安心して卵を買っていただけます。

1個100円にする理由がある

平飼い卵の平均価格は一般的には50円だと思います。私は50円で販売するなら、ゼロから始める意味はないと思います。

1個50円にして採算を取るためには、どうしても密集飼いになったり、粗悪なエサしか与えられなくなったりします。密集飼いすると悪臭がしたりニワトリにストレスをかけてしまったりして、お客様に鶏舎を見せられない環境になり、直売できなくなります。これが負のスパイラル経営です。ニワトリにとっても生産者にとってもよいことではありません。

残念ながら現在、コッコパラダイスでは養鶏場での直売はしていません。理由は、養鶏場が険しい山道を通らないと行けない場所にあり、お客様が車で来ることができないからです。しかし理想の販売方法を実現したいので、舗装道路に面した養鶏場の候補地を探しています。

新しい養鶏場ができたら、初めから高価格で100%直売することを目指します。そしてできるだけ多くのお客様（見込み客）に見学してもらい、ヒヨコと遊んでもらいます。人はヒヨコと触れ合うと本当に癒されます。見学された人はまた来たくなります。こうしたことで新たなファンをつくるのと同時に、効率的にマーケティングができます。

幸せに暮らすヒヨコやニワトリの様子が見られ、産みたての卵が手に入るなら、たとえ高価でも、わざわざ養鶏場に車で行ってでも、買いたくなるのではないでしょうか。

私はアニマルウェルフェアの理念を大事にしています。卵を1個100円で養鶏場で100%直売するビジネスモデルを構築したい。これこそ理念に沿った養鶏経営だと思うのです。

アニマルウェルフェアで持続可能な経営を

川尻哲郎

2人で決めた経営の5カ条

養鶏業は生き物を扱う仕事です。ニワトリの命を預かっている以上、持続可能な経営をしなければならない大きな責務があります。コッコパラダイスは自然養鶏を始めてまだ3年ですが、これまで持続可能な経営をするために目先の利益よりも長期的な視点で計画し実行してきました。創業前には下記の5点を決めました。

1　川尻と末永郁が共同経営する。
2　500羽以上に増やさない。
3　循環型農業を目指す。
4　密集飼いはしない（1㎡3羽以下にする）。
5　卵の販売価格は1個100円前後にする。

1を決めた理由は、ニワトリの世話は1日も休むことはできませんが、体調なり都合で休まなければならないときでも、畑をやりながらでも、2人ならどちらかが補えるからです。

2については、飼育数を増やせばもっと儲かるかもしれませんが、リスクも大きくなるからです。一番は卵の販売です。卵が増えればそれだけ販売先を確保しなければならず、運搬の負担も増えます。

3はエコフィードの利用のことです。加工食品工場や飲食店などから排出される食品をエサに有効活用することで環境貢献になると考えました。さらにエサ代の節約になります。

4は、1羽あたりの面積を狭くするとニワトリにストレスをかけるし、悪臭が出るからです。劣悪な環境でよい卵はできないし、自分自身も働きたくなくなってしまいます。

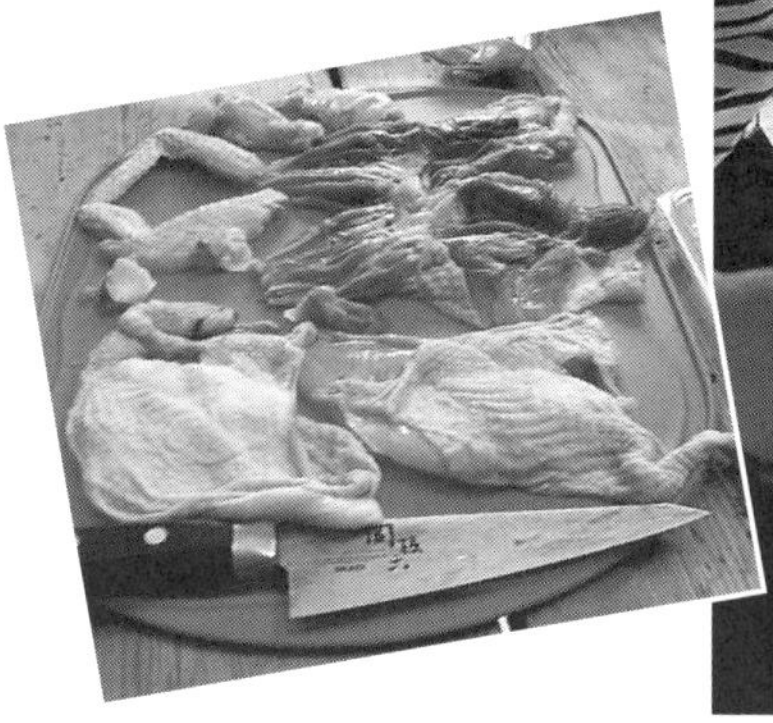

５は、高品質の卵を適正価格で販売するという決意です。マーケティングの努力をすることで適正価格を維持したいと思いました。

とくに1の共同経営で、誰と組むかは一番大切だと思います。もしどちらかが儲け第一主義で経営を考えていたら、利益の分け方やら運営の方向性の違いから、間違いなく争いになってしまうでしょう。

私達の場合は、自分はもちろん、組む相手もアニマルウェルフェアの理念を第一に考えていることが重要でした。同じ考えの経営者同士なら、目先の利益に左右されず運営の方向性にも大きな違いが出ないと思うのです。

廃鶏を利用した解体ワークショップには親子20人が参加した

アニマルウェルフェアでつながる

アニマルウェルフェアの理念は日本ではあまり知られていませんが、欧米では浸透していて、大手スーパーマーケットでさえもケージ飼い養鶏の卵の取り扱い量を大幅に減らしています。

日本でも食の安全に関心を持つ人たちは、たとえアニマルウェルフェアの理念を知らなくても、健康的に大事に飼育されているニワトリの卵なら高値でも買ってくれます。

そういう方々は鶏舎の見学を希望される人も多く、実際にコッコパラダイスを見学された方はほとんどリピーターになっています。さらに、知り合いにコッコパラダイスを積極的に紹介してくださいます。アニマルウェルフェアの理念に基づいた飼育を実践しているからこそ、よいお客様に恵まれたと実感しています。

好循環な経営を目指して

儲けるためだけの自然養鶏は不幸なニワトリを増やすだけです。それは今の世の中の流れに逆行する経営で、遅かれ早かれ潰れます。でもニワトリが大好きでこれからニワトリの世話をしてみたいという方なら、自然養鶏を前向きに考えられたらよいと思います。

ニワトリが大好きな人に世話されているニワトリは幸せです。幸せなニワトリが産んだ卵は価値があります。意識の高いお客様は、価値ある卵なら高価でも買います。飼育数が少なくても採算が合います。継続可能な経営になります。自分もお客様もニワトリも幸せになります。この好循環な経営こそが本来の自然養鶏の姿ではないでしょうか。

産卵率80%超の牧草養鶏

茨城県石岡市●宇治田一俊

宇治田一俊さんは、ニワトリのために牧草を栽培し、緑餌を主体としたエサで約700羽（12群）の平飼い養鶏を営んでいる。ヒナのうちから牧草を与えたニワトリたちは牛のように旺盛に草を食べ、疲れ知らずのたくましい姿に育つのだという。「十分な青草は、ニワトリに毎日満ち足りた生活を送らせるために欠かせないもの。年をとっても疲れ知らずのいきいきとした姿になる」。その思いは、80%を超える安定した産卵率の結果としても現われている。

一年通して新鮮な牧草を与える

牧草を主体にした平飼い養鶏

茨城県石岡市で有畜複合の有機農業をしています。畑1ha、田んぼ20aと養鶏700羽規模（ボリスブラウン）の小規模経営です。

ニワトリは新鮮な牧草を主体とした飼い方です。消費者と提携する「たまごの会 八郷農場」で明峯哲夫氏（故人）よりご教示いただいたやり方で、山岸式養鶏の一種と伝えられました。もともとは専業養鶏の技術でしたが、それを有畜複合に組み入れた形です。

産卵率は年間平均で8割を超えています。また、卵の品質に関しては、有機農業運動草創期からの歴史をもつ複数の消費者団体の方々から「非常にレベルの高い卵」との評価をいただいています。ただ産卵率も卵質も結果であって、目的にしているわけではありません。草を食べるニワトリの魅力といいますか、ニワトリと草の不思議な魅力に惹かれてこの養鶏法にこだわっています。

スーダンとイタリアンを栽培

草は一年通じて確保できるよう、7～10月はスーダングラス、11～6月はイタリアンライグラスを、合わせて約56aで栽培しています。

スーダングラスの播種は4月下旬に1回目（3a）、6月中旬に2回目（3a）、7月下旬に3回目（10a）を行なっています。収穫すると再生してくるので、なるべく軟らかいところを刈り取って使い、穂が出て硬くなったところはモアで粉砕して土に返します。

イタリアンの播種は9月1週目に1

6月中旬に播種したスーダングラスを刈っているところ（9月上旬に撮影）。70kgの草が700羽の緑餌になる（佐藤和恵撮影、以下Ｓも）

回目（20ａ）、3週目に2回目（20ａ）を行ないます。近年は温暖化で夏の雑草と競合するようになったので、それぞれ1週間遅らせたほうがいいかもしれません。冬場は再生しないので40ａの面積が必要ですが、4月からは再生してくるので40ａを維持する必要はなく、順次潰して野菜栽培に回しています。

ヒナのときから草に慣れさせる

草は、ヒナの時期から旺盛に食べるように育てています。畑の野菜クズやハコベは与えません。軟らかい栄養価の高い草に慣れると、硬くて栄養価の低いものを食べなくなってしまうからです。

ヒナには最初、土手に生えている自生のイタリアンを与えます（入すうは春と秋）。食べる量が増えてきて草の確保に時間がかかるようになったら牧草に切り替えます。このときも、あえて穂が出て硬くなったところを選ぶようにしています。

成鶏には、軟らかい栄養価の高いものをたっぷり与えています。雑草は使いません。雑草はすぐ硬くなってしまい少ししか食べませんし、冬場は枯れて手に入らないからです。牧草を栽培することで、栄養のある青草を一年中食べさせることができます。この養鶏法は昭和30年代に生まれた古いものですがいまも有効だと実感しています。

牧草を飼料用の細断機（IHIスターのSFC1840）にかける。細断長は1㎝に設定（S）

とうもろこしは不使用

青草を与えつつ、産卵率をキープするには、穀物などを自家配合した粉エサも大切です。

穀物は小麦です。以前は輸入とうも

一年中、毎日、生の牧草をたっぷり与える。鶏種はボリスブラウン（S）

ろこしを与えていましたが、アメリカ産とうもろこしに遺伝子組み換えのもの（スターリンク）が混じる不安があり、１９９６年から茨城県産の規格外小麦に切り替えました。脱脂大豆も使っていましたが、同じ理由でやめました。なるべく危険なものを入れないようにしようとして、現在の配合に至っています（表）。配合割合は年間通じてほとんど変えていません。

穀物は大麦でも飼料米でも問題ありません。大切なことは、やはりヒナをその穀物によって育てることです。

魚粉については、最高級といわれる北洋産の白身魚を使ったホワイトフィッシュミールを使っています。この魚粉は育すうする上で間違いなく、卵質にも大きく影響します。

成鶏用の自家飼料（粉エサ）の配合（%）

小麦	50
米ヌカ	34
魚粉	9
炭カル	2.7
貝化石	2
塩	0.3
カキガラ	2

*カキガラとグリットは、このエサとは別に自由摂取させている

ニワトリの食べたものはすぐ卵に表われるので、いろいろな養鶏家がいろいろなものを食べさせています。海藻クズだとかごま粕だとか食品廃棄物の類も多いようです。私は逆に引き算していく考えで、怪しい物は入れないようにしています。

草の消化には小石が必須

成鶏にはグリット（小石）を、粉エサとは別のエサ箱で自由摂取させています。成鶏の場合、砂ではなく1cm程度の角張った石を好みます。

ニワトリは歯がなく食べ物を丸飲みします。そして筋胃（砂肝）が収縮を繰り返し、取り込んだ小石によって穀粒や硬い繊維質が摩砕されるのです。小石は徐々に角がとれ丸くなってくると自然に排泄されるので、また小石を欲することとなります。

ニワトリを外に放す飼い方だと勝手に食べるので必要ありませんが、舎飼いの場合は必要です。とくに青草を大量に与える場合は必須です。このグリットは砕石業者から購入しています（7号の砕石を指定）。

空腹時間をつくる

成鶏のエサやり（牧草と粉エサ）は1日1回行なっています。草を十分に与えることで、粉エサを1割ほど減らせます。ただし草も粉エサも、1日の中で一定時間（たとえば1～3月はエサやり前の4時間程度）、エサ箱からなくなるようにしています。このエサのない時間をつくることで、ニワトリがエサを欲するリズムができます。エサやり時の動きもよくなります。

エサの量が多いと残し始めてエサ箱が空にならないし、少ないと次第に飢えてきます。ニワトリが残さず飢えてしまわずのちょうどいいポイントを見

つけていきます。

私のニワトリ小屋の1部屋は間口2間（約3・6m）、奥行き4間半（8・2m）で、成鶏70～80羽を入れています。羽数や鶏齢、季節によってもニワトリが食べる量は変わるので、毎日の採卵時にニワトリの様子をチェックして、エサを増減しています。

▼1回目の採卵時に見ること

一般的に赤玉鶏の場合、卵の8割ほどを午前中に産みます。私は1日4回採卵しますが、1回目の採卵時（夏は7時半、冬は8時ごろ）、部屋全体にまき餌をします（1部屋あたり0・5～1kgの小麦）。こうすることでニワトリの関心をそらせるので驚かさないですみますし、健康チェックも簡単にできます。また床を足でかき回して小麦をついばむので、床の切り返しと運動にもなります。

もしこの時点でエサ箱に前日のエサが残っていれば、その日、給餌する分を減らす判断をします。

▼2回目の採卵時に見ること

2回目の採卵時（夏は9時、冬は10時ごろ）、畑で出る野菜クズを、コンテナ半分弱程度まきます。その食べ具合で、とくに草が足りているか、足りないかの判断をします。

▼3回目の採卵時にエサやり

その後、畑の作業をこなしながら牧草を刈り（合計で現物重50～70kg）、機械で切断します。粉エサは計量しておきます。

3回目の採卵時（11時半ごろ）に、エサと水を与えます。牧草は1部屋あたり、コンテナの8分目～1・2杯程度で調整します。

その後は、夕方に4回目の採卵をして終わりです。

牛のように草を食べるための育すう管理

ヒナの時期から鍛える

入すうは秋（11月上旬）と春（3月上旬）の年2回、170羽ずつ、年間340羽を導入しています。育すう期間は4～5カ月です。

青草を多給するこの養鶏法の、もっとも大切で肝になるのが育すうです。気候の変化に負けないたくましいニワトリ、牛のように草を旺盛に食べるニワトリに育てます。虚弱に育ってしまったニワトリというのは、たとえば秋ビナで説明すると、生まれた翌年3月ごろから小さい卵を機関銃のように産みますが、6月あたりの本格的な夏前にくたびれてしまい、休産したり換羽したり巣に就いて産まなくなったりして、十分な力を発揮できないニワトリのことです。

部屋環境と日齢ごとの管理

育すうは成鶏の部屋を掃除して使います。特定の育すう室は設けていません。育すう室を専用にすると結局掃除が行き届かなくなりがちですし、たいてい部屋が狭くヒナが十分走り回れなくなります。ヒナを丈夫に育てるためには、草を与えるとともに、初期のころの運動が重要です。

▼入すう1カ月前から準備

まず入すう1カ月前、空いた一部屋の鶏糞を取り出し、金網のホコリを竹ぼうきで払います。そして竹ぼうきで土間を奥から掃きながら、ホコリと鶏糞を取り除きます。その後、およそ1カ月間天日干しします。これで病菌の

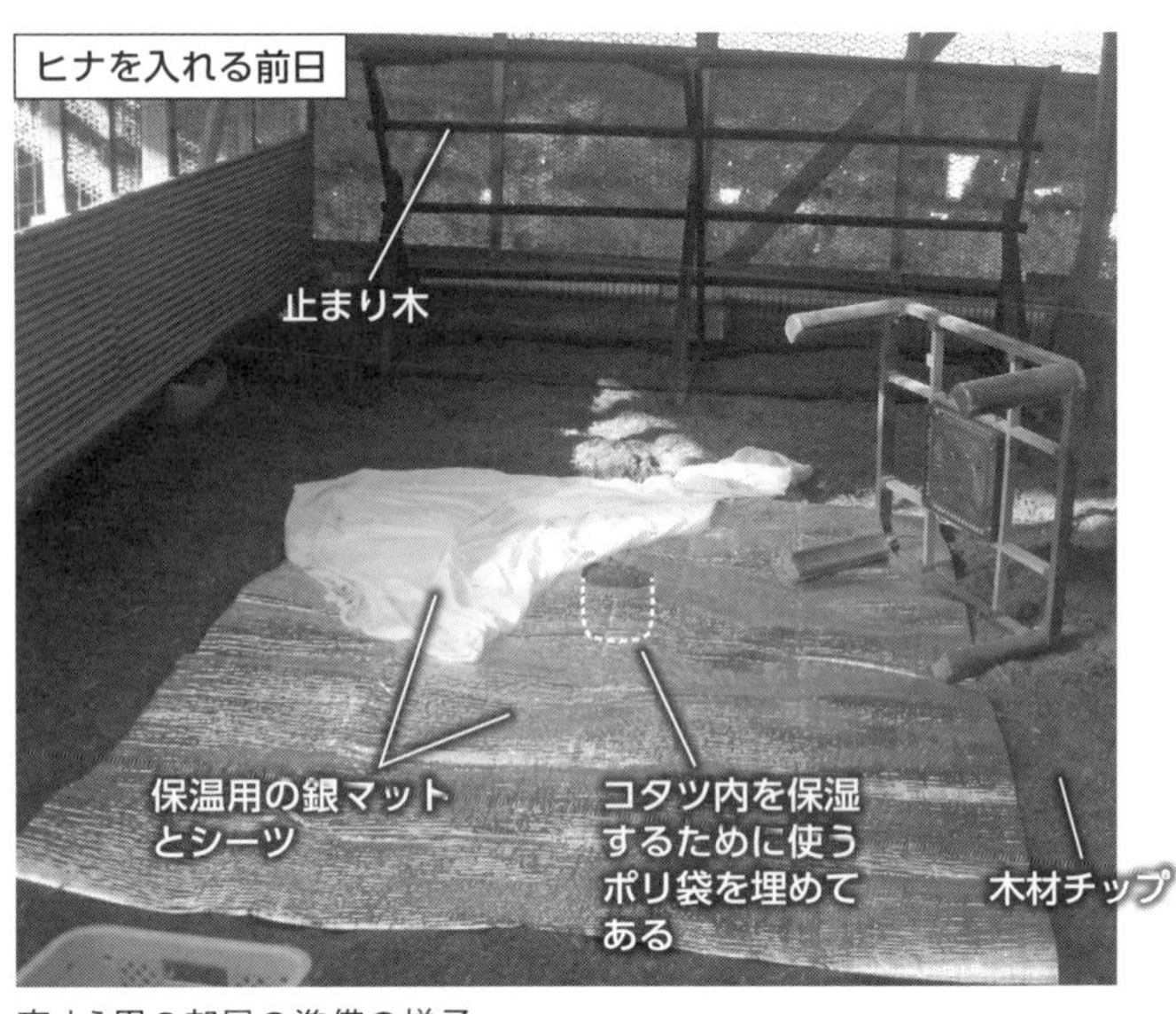

育すう用の部屋の準備の様子

心配はほとんどなくなります。

止まり木や水箱周りには防腐剤を塗り、入すう1週間前に木材チップを1部屋（9坪）に1・5t（乾物換算）入れます（厚さ20cmの敷料になる）。

2、3日前に、コタツや給水器、チックガード（ヒナの囲い枠。約50cm幅の薄い鉄製のシートを使用）などを天日に干します。

▼ヒナを入れる前日　ネル布を垂らす

保温用のコタツを置く床の中心部が少しだけ高くなるように土饅頭形に整えます。ヒナは高いところを好みます。その中心部のチップを一度取り除き、5ℓほどのポリ袋を口を開けたまま入れ、チップを戻します（入すう直前に、ここにヤカン1杯の熱湯を注いで湿度を確保するため）。床に銀マットや古いシーツなどを敷いてコタツを置きます。コタツの足が沈むときは板切れなどをかませます。

コタツの上に古いタオルケットなど保温のための布を載せ、それにネル生地の布（ネル布）を縫い付けて周りに垂らします。垂らした端をヒナの目線より低くすると中に入れなくなるので高さに注意します。ネル布が母鶏の羽の感触に一番近いといわれています。またネル布の一部に1～2cm隙間をつくることで中を観察しやすいようにしています。

コタツを置いてネル布を垂らした様子

▼ヒナを入れる当日　温湿度を管理

コタツ中心部に埋めたポリ袋に入るように熱湯を注ぎ、コタツの温度を最強にします。給水器は半分がコタツに入る場所に置き、チックガード（囲い枠）をコタツの辺から30cmほど離してぐるりと回し、コタツの外にクズ米（砕米）をまいておきます。クズ米につられて出入りするようになります。

ガードの上に保温のためのビニールを被せ、正面の南側は少し開けておきます（換気のため）。ヒナが到着したら落ち着かせるため少し時間をおいてから放します。大きさを確かめながら羽数を数えます。ヒナが入ってコタツ中心部の温度が36～38℃になるよう調整します。初日の作業はこれで終わりですがときどき見回ります。

▼2～3日齢　クズ米のみ

少しずつガードを広げます（とくに南側）。給水器もコタツから離していきます。環境を変えるのは晴れた日の午前中を基本とします。曇りや雨の日は動きが鈍く、適応できないヒナが出る危険性があるからです。給水器の水を取り換えクズ米を補充してやります。

ヒナは卵の黄身をお弁当として体内に持って生まれてきます。この黄身を消化して養分にできるのが48時間ぐらいといわれ、この間は飲まず食わずでも大丈夫です。孵化場で孵化したヒナが当日運ばれてくる場合、2日齢まで大丈夫ということになりますが、3日目は空腹になってきます。

この空腹の時間をつくり、体が欲するようになってから給餌します。そのため少量のクズ米のみの期間を3日間とっているのです。ヒナが持っている生命の生命力、生きようとする力を引き出し、それを高めるやり方として飢える時間を取っているのです。

▼4〜5日齢　給餌開始

エサ箱を入れるためチックガードの南側を大きく広げます。給水器はエサ箱より遠いところ、成鶏の給水用水箱の位置に近づけていきます。弱くてコタツに入りがちなヒナも水は飲まざるを得ないのでなるべく遠くまで行くことになります。4日目から毎日まき餌をして、エサ箱で自家配合飼料（粉エサ）と青草の給与が始まります。

▼6日齢〜　走り回らせる

6日齢あたりでチックガードの南側を少し開けて、部屋の前面（南側）半分を開放します。10日齢ころにはチックガードをさらに開いて、部屋を全面開放します（その後、様子を見てチックガードは外します）。止まり木も設置し部屋全体を走り回れるようにします。このころから40日齢ころまで猛烈に走り回り、動き回ります。中すう用の羽が伸びてきてこの羽を使うことで動きがまるで違ってくるのです。飛び上がったり、飛び降りたり。急停止したり、急旋回したり。1羽が走り出すと他のものもつられて走り出す、まる

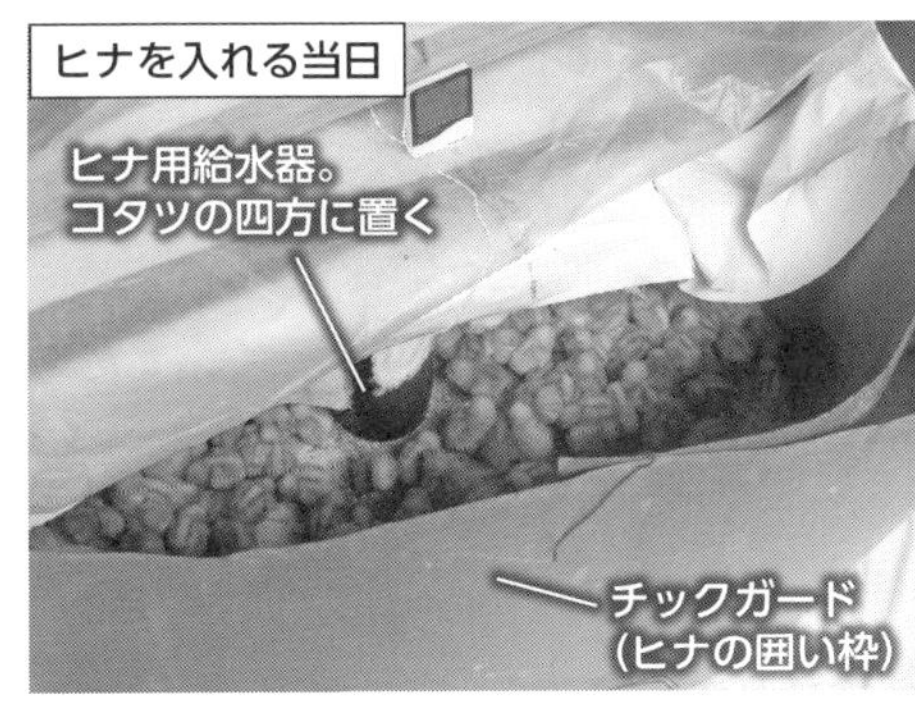

1日齢のヒナを入れた様子

チックガードを徐々に広げて運動させる

自家配合飼料（粉エサ）と青草の給餌を開始

チックガードを開放して、部屋全体を動き回れるようにする

部屋の壁際に設置してある
成鶏用の給水器

で水面の波紋のように動き回ります。この時期に十分動き回ることが、草で鍛えることとあいまって丈夫なニワトリに育ちます。

コタツの温度は天気を見ながら徐々に下げ、4週目で廃温します（スイッチを切る）。40年前は7日齢で廃温していましたが、最近のヒナは弱くなっているように感じます。

15日齢を過ぎたら給水器を成鶏用の水箱にします。これは深いので高さの中間に金網を入れ溺れないようにしておきます。また、アプローチしやすいように斜めの台（スロープ）を手前に置きます。

ヒナ用の自家飼料（粉エサ）の配合（%）

	～40日齢	40～120日齢（若メス）
小麦	60（30日齢までは粉砕）	50
米ヌカ	24	46
魚粉	12	50日齢から徐々に減らし、120日齢で0に
炭カル	2.7	
リンカル	1	
塩	0.3	

40日齢ごろまでは高カロリー・高タンパク。その後は小麦と魚粉を減らして、低カロリー・低タンパクを意識する。130日齢以降は米ヌカを減らし魚粉を3%与える

１１０日齢ごろになったら、止まり木で寝る習慣をつける時期なので、ヒナ追いをします。母鶏がいれば母鶏がやってくれますが、いないので飼い主の仕事です。日没後薄暗くなったら、竹ぼうきで止まり木より前に来ないよう軽く追います。あまりストレスを与えないよう、止まったヒナを驚かさないよう静かにやります。

従来の給餌が通用しない

40年前は40日齢まで不断給餌（1日2時間程度エサを切らす）、60日齢から制限給餌（1日飽食させたときの8割程度の量にする）、１３０日齢から産み始めまでは飽食に近い制限給餌、と細かく行なっていました。が、現在のニワトリはそのやり方では望む大きさにならないため、産み始めまでほとんどエサを切らさず飽食させています。

たとえば秋ビナは日長が伸びてくる春に性成熟を迎えるため、産み始めも１３０日齢と早く、魚粉の増量を早めます。いっぽう春ビナは日が短くなる時期に性成熟するため、産み始めが遅く、魚粉ゼロの期間が長めでした。ところが近年は、このやり方だと羽食いが起こるようになりました。ここも過去のニワトリと違ってきています。今は１３０日齢になったら、産卵していなくても魚粉を粉エサ全体の３％与えるように変えましたが、この部分はまだ改良の余地があるかもしれません。

草の細断長を徐々に長く

ヒナのうちは軟らかいハコベや野菜クズや栽培している牧草は与えず、土手に生えている硬いイタリアンライグラスを与えます。軟らかい草に慣れると硬い草を食べなくなってしまうからです。また、種類を変えると食べる量の把握が難しくなるので1種類にして

います。

与え始めは菜切り包丁で草を1㎜の長さに小さく切って、おちょこ1杯程度粉エサの上に振りかけます。15分ほどでなくなる量が目安です。30分経っても残る場合は多いということです。

日齢とともに徐々に量を増やし、細断長も長くしていきます。食べ残したときは1日休んで食べ切っていた量に戻しやり直します。一月経つと1㎝の長さでも食べられるようになるので、押し切り包丁に替えます。50日齢近く経って食い込みが上がり、少々長いものでも食べられるようになると、専用の機械（成鶏に使う飼料用細断機、細断長は10㎜）に切り替えます。

ここまでくれば、草は潤沢にありますし機械を使うので手間はかかりません。成鶏と同じ時間に給餌します。草の量（現物量）は、粉エサ×日齢％を目標に増やしていきます。たとえば80日齢で1部屋あたり10㎏の粉エサを与えている場合の草の量は10×80％＝8㎏、100日齢で10㎏の草、120日齢で12㎏の草です。

日差し、産卵箱、獣害対策……ニワトリが喜ぶ鶏舎とは

日差しを考えた立地と構造

ニワトリにとって日差しは大切です。鶏舎は丘の上に南向きでつくりました。寒い冬場はとくに朝日が大切で、太陽の光が差し込むとニワトリがそこに集まります。近頃は東の林の木が大きくなってきて、東端の2部屋は日が当たるのが午前11時ごろになり使いづらくなってきました。西日の差し込みは不要です。夏は暑がりますし、冬は西日の差す時間帯には気温が上がっているからです。

天井には天候により開け閉めできる天窓をつけています。日差しはあればいいというものではなく、日なたも日陰も両方必要です。部屋の奥（北側）は暗くなりますが、天窓を開ければ奥のほうに光の帯ができます。いっぽうで一番奥に設置した止まり木周辺は、夏でもかなり涼しいです。

天窓はＰＯフィルムとハウスのサイド換気「くるくる」を使って開け閉めしています（カラスに穴をあけられたり一部雨水が溜まったりするので、完全ではありません）。北側の壁にもＰＯフィルムとくるくるを取り付け、換気を確保するとともに、台風などによる雨の吹き込みや冬の北風を防げるようにしています。

産卵箱は産み始めてから

産卵箱は横から見て直角三角形の形にして屋根に傾斜をつけています。こうするとニワトリが上に止まれないので箱が糞で汚れません。また内部に十分なスペースを確保しつつ暗所にできます。卵は屋根のフタを開けてとります。

産卵箱を部屋に入れるのは、ニワトリが卵を2～3個産み出してからです。数日フタを開けたままにして慣れてきたら閉じます。産みそろってきたら下に台を入れ地面から50㎝ほどの高さにして採卵しやすいようにしています。産卵開始よりもっと前に入れてなじませようとすると、かえって産卵箱の中に産みません。

筆者の鶏舎。12部屋で産卵鶏500羽とヒナ170羽を飼う。天窓から日差しが入り、換気もできる

育すう中の部屋。育すう用の専用部屋はつくらず、広々とした部屋の中でヒナに十分運動させて、草をガツガツ食わせる

就巣性（しゅうそうせい）は隔離部屋で解消

就巣性とは、巣に就いて卵を温め孵そうとする性質で、この状態になると卵を産まなくなってしまいます。夕方になっても産卵箱に入っていて、人が近づくと羽を逆立てるニワトリはほぼ間違いなく就巣鶏です。

それを治してやる方法として、昔は日没前に「巣取り」をしていました。部屋の入り口付近に1・6mほどの高さでケージ（離巣檻）を設置し、就巣鶏を入れるのです。エサと水はたっぷり与えます。ニワトリは3日目の朝に出してやります。

今はニワトリが改良されて就巣性が現われることはほとんどなくなり、この作業もほぼ必要なくなりました。数カ月産卵したニワトリの中に、蒸し暑さが増す6月ごろに数羽現われる程度です。そうしたニワトリは隔離部屋に隔離してやります。ここでたっぷりエサを与えると、2週間もすれば卵を産み始めます。ただ元の部屋に戻すといじめられることが間々あり、そんなときは隔離部屋でそのまま飼い続けることとなります。

産卵鶏の部屋。北側の壁は金網だけでなく外側にPOフィルムを張り、雨の吹き込みや北風を防げるようにした

飲水量を把握しておく

給水用の水箱は大きい雨樋を1mに切って使っています。飲水量は部屋（月齢）や季節によって変わってきます。夏は量が増えます。風邪などで発熱したときも増えます。毎日給水するとき（かけ流しでなく溜め水式）にだいたいの量をつかんでおくと状態の変化に気付けます。また、水がないことのストレスは大きいので、30分以上切れることがないように注意しています。

熱中症予防に水をまく

梅雨が明けて最高気温が35℃を超えるときは、熱中症予防のため床に水をまきます。動噴で霧状にしてまくこともあります。この時期は夕方にはあらかた乾くので、床が固まることはありません。ついでに金網も水洗いしてホコリを落とします。ニワトリには直接かけても喜ばないのでやりません。

熱中症にかかりやすいのは秋ビナで、春から産み出して初めて夏を経験する若メスです。夏を一度経験したニワトリはまず大丈夫です。ですので、若メスの部屋はとくに気を付けます。

台風などで雨が入り、床が固まってしまったときは、固まった所をスコップで取り出します。11月から気温が下がってきて天気の悪い日が続くと、床は固まりやすくなります。そういうときは固まりをすぐに取り出してもまた固まってしまうので、冬晴れが続く2月ごろまで待って取り出します。

電気柵は24時間オン 給餌時間にも注意

鶏舎は基礎にコンクリートを打ち、周囲はブロックを2段積みにして囲んでいるので、獣に下から入られることはありません。過去に金網を破って入られたのは飼い犬の放されたものでした。このときは一晩で一部屋のほとんどが全滅しました。以降は電気柵を設置し、作業時以外は24時間オンにしています。周囲を板で塞ぐ人もいるようですが、風の流れが悪くなるので電気柵で対応しています。

金網は一部に3分目合を使っていますが、大半は8分目合で高所はワイヤーメッシュなのでネズミの侵入は防げていません。

ネズミ対策で給餌の時間は変えまし

た。本来は夕方（日没2時間前）が基本ですが、天敵のアオダイショウがいない冬場（10～4月）は、ネズミが夜間にエサを食べに来て鶏舎内で増えてしまいます（5～9月はアオダイショウのおかげでネズミは壊滅状態になる）。そこで現在は11時半ごろ。梅雨明け後は、暑い時間に食べさせることを避けたいので、夕方に与えています。

ニワトリを休ませる 強制換羽

穏やかで安定のボリス

昨年11月上旬と今年3月上旬の入すうはそれぞれ２３０羽ずつ。年間で計４６０羽を導入しました。品種（鶏種）はボリスブラウンです。この品種は現在、赤玉の主流となっています。主流となるだけあって安定してよく産みます。以前の主流はイサブラウンでしたがボリスがとって代わりました。

40年以上前にゴトウ１２１というニワトリ（ゴトウ１３０「もみじ」の前の品種）を飼ったことがあり、これはすばらしい品種でした。個体や産卵率の斉一性も十分で、なにより賢かった。エサやりのために部屋の扉を開けると、一斉に奥の止まり木目指して走り出すのです。足元でまごついてウロウロするニワトリはおらず、こちらもどんどん歩いて奥まで行ける。群れとしてこんな振る舞いのできるニワトリは今まででゴトウ１２１以外いませんでした。

こういうニワトリが騒ぐときはたしかな理由があるのですが、呑み込みの悪いニワトリだとなんでもないことで勝手に騒ぎ、結果、神経質になったりします。今飼っているボリスはそこまで賢くなく、まき餌するために部屋に入ると足元でウロウロしますが、体に触れても嫌がることはなく、捕まえても騒がないおとなしい穏やかなニワトリです。

強制換羽とは？

ヒナは4～5カ月間育て、1年間産卵させます。その後私はいったん断食させ（強制換羽）、さらに半年間産卵させ、生後約2年でオールアウト（畜舎から家畜を一斉に出すこと）します。オールアウト時でも70％は産んでいますが、卵が大きくなりすぎたり殻が弱くなったりしてくるので、ここまでとしています。

強制換羽は産卵期間を延ばす技術で、１９８０年代までは普通に行なわれていましたが、アメリカでサルモネラ菌による死者が数例発生してから反対するキャンペーンもあり、下火になったようです（強制換羽による菌の排出が心配された［編集部］）。アニマルウェルフェアの観点から非難されることもあるようですが、決して虐待しているわけではありません。

ニワトリもさすがに1年産み続けるとくたびれてきて産卵率が落ちてきますし、殻の弱い卵も増えてきます。そこでエサを断つことで休ませることができるのです。また、余分な脂肪を消費させ体をスリムにすることによって若返る効果もあります。実際、断食後に産み始めた卵は、若メスの時にも似た殻の硬いしっかりしたものに戻ります。

そもそも成鶏は年1回秋冷期に換羽して新しい羽で冬を乗り越えます。ただしバラバラに換羽するので、これを

強制換羽の経過

断食終了から1日目の部屋の様子（5月22日に断食開始、6月3日に終了。13日間断食して、翌6月4日に撮影）。羽が抜けて地面に落ちている

断食終了から17日目

産卵箱に産み始めているが、白っぽい色のものもあり、まだ卵質の回復には至っていない状態（6月20日に撮影）

断食終了から15日後の部屋の様子（4月20日に断食開始、5月2日に終了。13日間断食して、5月17日に撮影）。エサは元の量に戻っている

断食終了から49日目

産卵数が増え始めている（6月20日に撮影）

産卵率90%超えの部屋の産卵箱の卵。強制換羽して回復中のニワトリの卵と比べると、色も形も安定している

揃えるやり方です。

断食は2週間

私の場合は、新しいヒナが産み出し始め、全体で採れる卵が増えてきたタイミングで、それまで1年産み続けたニワトリに行ないます。体重が1kgのニワトリは1週間、2kgなら2週間、3kgなら3週間行なうといわれています。ブロイラーの母鶏であるホワイトプリマスロックは、体重が3kgあったので3週間行なっていたと聞いています。ボリスブラウンは2kgの体重なので2週間絶食します。最終的に体重の20～24%ほど減らすのを目安とします（ケージ飼いでの強制換羽は一般的に25～30%減少するが、平飼いでは床の発酵鶏糞等を食べるため完全絶食にはならない［編集部］）。

断食の対象はメスです。メスはお腹に黄色い脂がついており、エサがなくてもこれを消費して生きていきます。初めての方は数回の体重測定と触診をおすすめします。オスは脂がついておらず、メスのようには耐えられないので隔離して給餌します。

2週間かけてエサの量を戻す

具体的には、最初の3日間は水も切る断水も行ないます。産卵は4～5日で止まります。以前、点灯設備があったときは、断食前の1カ月間は1日3時間の点灯を行ない（日長時間を延ばして産卵を促す）、断食当日に切ってショックを与えていました。4日目から水は飲むだけ与えます。10日を過ぎたころから羽の一部が抜けてきます。

2週間断食したら（ニワトリの状態によっては2～3日短くすることもある）、少しずつエサを増やし2週間かけて元のエサ量に戻します。草の量も同じように増やして元に戻します。以降、さらに食べるときは増やし、飽食状態にして産卵が回復してくるのを待ちます。羽も生え替わってきます。

季節と状態によって変わる

断食しても、季節的に向いていない春（日長時間が自然に延びるため）やニワトリがあまり産卵に疲れていないときは、換羽まで至らず「強制休産」で終わることがあります。そのときはエサの回復とともに産卵が始まりますが、それでも期待した効果はあります。

逆に秋冷期でニワトリも疲れているときは、完全に休産換羽となります。この場合はエサの量が戻ってからも、一月ほど休産します。このときのエサの内容は大ビナと同じ魚粉ゼロです。一月ほどして産卵が始まったら魚粉を増やしていきます。

なおサルモネラ対策として、2カ月に1度サルモネラ検査をしています。

＊ここで紹介した養鶏法は、山岸式養鶏を学んだ故・明峯哲夫さんに大きく依拠しています。また『農業養鶏書』（全国農鶏会、1961年発行、絶版）を参考にしています。

掲載記事初出一覧

※年月のみ記載の出典は「現代農業」、
家庭料理…『全集　伝え継ぐ 日本の家庭料理』

拝見！ ニワトリのいる暮らし

廃鶏なら初心者も飼いやすい！ ……… 2022年1月号
チキントラクタ活躍！ ………… のらのら2017年夏号
果樹ハウスでニワトリ飼って一石五鳥
……………………………… 現代農業2017年1月号
お米を食べて、丈夫な卵を産む鶏たち
………………………………… うかたま2014年秋号
ニワトリを飼う前に ……………………………… 新規

知っておきたい　ニワトリのきほん

ニワトリ品種図鑑 ……………………… 2017年1月号
ニワトリのお腹を探検！ ……………… 2017年1月号
ニワトリのからだ ……………… のらのら2017年夏号

ニワトリが安心快適な小屋をつくる

パイプハウス鶏舎 ……………………… 2024年3月号
屋根を高くして熱気を逃がす ………… 2018年8月号
屋根板と遮熱シートで２重構造に …… 2018年8月号
ビニールハウス鶏舎を涼しく ………… 2017年1月号
ネズミってどんな生き物？ …………… 2018年5月号
日頃の掃除と見回りが基本
…………………… 2023年6月号，2018年5月号
そうじがラクな産卵箱 ………………… 2012年1月号

ニワトリが元気に育つエサの工夫

どんなエサをやればいい？ …………… 2011年7月号
竹内孝功さんのエサのやり方 …………………… 新規
エサは地元産100％ ………………… 2022年11月号
２種類の発酵飼料 ……………………… 2010年4月号
卵の黄身の色… 2007年1月号，季刊地域2014年春号
緑餌って何？ ……………………… 2010年11月号

卵を孵す、ヒヨコを育てる

ウコッケイは子育て上手なお母さん … 2024年1月号
孵卵器での人工孵化 …………………… 2021年7月号
段ボールで孵卵器を手づくり ………… 2022年3月号
保温と訓練で丈夫にヒナを育てる …… 2023年3月号
玄米で、ヒナを元気に育てる
…………………2023年4月号，同6月号，同8月号

ニワトリを病気・害虫から守る

ニワトリの健康チェック
…………………… 2022年9月号，2007年7月号
伝染病の怖さを身を持って経験 …… 2011年11月号
鶏舎のワクモを一網打尽 ……………… 2016年7月号

ニワトリを食べる、卵を食べる

ニワトリから極旨ラーメンができるまで 2017年1月号
ニワトリのさばき方のコツ ………… 2012年10月号
わが家の鶏肉と卵料理でおもてなし … 2017年1月号
かしわのすき焼き
……………… 『肉・豆腐・麩のおかず』（家庭料理）
水炊き………… 『肉・豆腐・麩のおかず』（家庭料理）
鶏飯………… 『どんぶり・雑炊・おこわ』（家庭料理）
鶏めし……… 『炊き込みご飯・おにぎり』（家庭料理）
がめ煮…………………… 『四季の行事食』（家庭料理）
だまこ汁…… 『どんぶり・雑炊・おこわ』（家庭料理）
鶏のからめ煮 …………………… うかたま2017年秋号

卵を売る

ゼロから始める自然養鶏
… 2020年4月号，5月号，7月号，8月号，9月号，
11月号，12月号
産卵率80％超の牧草養鶏
… 2024年5月号，7月号，8月号，9月号，11月号

※執筆者・取材対象者の住所・姓名・所属先・年齢等は記事掲載時のものです。

撮　影
小倉隆人
五十嵐 公
河内明子
倉持正実
小林キユウ
佐藤和恵
高木あつ子
田中康弘
戸倉江里
長野陽一
皆川健次郎
依田賢吾

本文イラスト
岩間みどり
アルファ・デザイン
岡田知子

本文デザイン
川又美智子

QRコード先のコンテンツも本の一部です。
図書館内での閲覧や館外貸出で自由に視聴できます。

農家が教える
ニワトリの飼い方
庭先で小屋をつくる、ふやす、さばく、卵を売る

2025年4月5日　第1刷発行

農文協　編

発行所　一般社団法人　農山漁村文化協会
郵便番号 335-0022 埼玉県戸田市上戸田2丁目2-2
電話　048(233)9351(営業)　048(233)9355(編集)
FAX　048(299)2812　振替　00120-3-144478
URL　https://www.ruralnet.or.jp/

ISBN978-4-540-23158-2　DTP制作／㈱農文協プロダクション
〈検印廃止〉　印刷・製本／TOPPANクロレ㈱